"新工程管理"系列丛书

工业化建筑发展水平评价
——体系、方法与标准

薛小龙　王玉娜　张季超　满庆鹏　王学通　等著

中国建筑工业出版社

图书在版编目（CIP）数据

工业化建筑发展水平评价：体系、方法与标准/薛小龙等著．—北京：中国建筑工业出版社，2020.6
（“新工程管理”系列丛书）
ISBN 978-7-112-25071-4

Ⅰ.①工… Ⅱ.①薛… Ⅲ.①工业建筑-发展-研究-中国 Ⅳ.①TU27

中国版本图书馆 CIP 数据核字（2020）第 073405 号

本书针对我国目前工业化建筑发展水平评价相关理论和方法匮乏的问题，从城市和区域两个行政区域层级，研究工业化建筑发展水平评价体系。本书的核心思想是突破传统的通过问卷调查获取数据的思路，转而基于各类客观（大）数据进行分析与评价，使得评价更具客观性和科学性。本书为国家相关部门把握工业化建筑发展状况，科学进行管理决策和政策制定提供技术支持。本书可供政府相关建设管理部门以及相关领域的研究者参考借鉴。

责任编辑：赵晓菲　张磊　曾威
责任校对：赵菲

“新工程管理”系列丛书
工业化建筑发展水平评价——体系、方法与标准
薛小龙　王玉娜　张季超　满庆鹏　王学通　等著
*
中国建筑工业出版社出版、发行（北京海淀三里河路9号）
各地新华书店、建筑书店经销
北京科地亚盟排版公司制版
天津翔远印刷有限公司印刷
*
开本：787毫米×1092毫米　1/16　印张：4　字数：97千字
2020年12月第一版　2020年12月第一次印刷
定价：**20.00**元
ISBN 978-7-112-25071-4
（35859）

“新工程管理”系列丛书

从书编写委员会主任委员与副主任委员所在单位（按单位名称笔画排序）

广州大学管理学院
大连理工大学建设管理系
天津大学管理与经济学部
中央财经大学管理科学与工程学院
中国建筑集团有限公司科技与设计管理部
中国建筑国际集团有限公司建筑科技研究院
中国建筑（南洋）发展有限公司工程技术中心
长安大学经济与管理学院
东北林业大学土木工程学院
东南大学土木工程学院
北京交通大学土木建筑工程学院
北京建筑大学城市经济与管理学院
北京中建建筑科学研究院有限公司
西安建筑科技大学管理学院
同济大学经济与管理学院
华中科技大学土木与水利工程学院
华东理工大学商学院
华南理工大学土木与交通学院
南京大学工程管理学院
南京审计大学信息工程学院
哈尔滨工业大学土木工程学院、经济与管理学院
香港城市大学建筑学与土木工程学系
香港理工大学建筑及房地产学系
重庆大学管理科学与房地产学院
浙江财经大学公共管理学院
清华大学土木水利学院
厦门大学建筑与土木工程学院
港珠澳大桥管理局
瑞典于默奥大学建筑能源系
澳大利亚皇家墨尔本理工大学建设、房地产与项目管理学院

“新工程管理”系列丛书总序

立足中国工程实践，创新工程管理理论

工程建设是人类经济社会发展的基础性、保障性建设活动。工程管理贯穿工程决策、规划、设计、建造与运营的全生命周期，是实现工程建设目标过程中最基本、普遍存在的资源配置与优化利用活动。人工智能、大数据、物联网、云计算、区块链等新一代信息技术的快速发展，促进了社会经济各领域的深刻变革，正在颠覆产业的形态、分工和组织模式，重构人们的生活、学习和思维方式。人类社会正迈入数字经济与人工智能时代，新技术在不断颠覆传统的发展模式，催生新的发展需求的同时，也增加了社会经济发展环境的复杂性与不确定性。作为为社会经济发展提供支撑保障物质环境的工程实践也正在面临社会发展和新技术创新所带来的智能、绿色、安全、可持续、高质量发展的新需求与新挑战。工程实践环境的新变化为工程管理理论的创新发展提供了丰富的土壤，同时也期待新工程管理理论与方法的指导。

工程管理涉及工程技术、信息科学、心理学、社会学等多个学科领域，从学科归属上，一般将其归属于管理学学科范畴。进入数字经济与人工智能时代，管理科学的研究范式呈现几个趋势：一是从静态研究（输入-过程-输出）向动态研究（输入-中介因素-输出-输入）的转变；二是由理论分析与数理建模研究范式向实验研究范式的转变；三是以管理流程为主的线性研究范式向以数据为中心的网络化范式的转变；主要特征表现为：数据与模型、因果关系与关联关系综合集成的双驱动研究机制、抽样研究向全样本转换的大数据全景式研究机制、长周期纵贯研究机制等新研究范式的充分应用。

总结工程管理近40年的发展历程，可以看出，工程管理的研究对象、时间范畴、管理层级、管理环境等正在发生明显变化。工程管理的研究对象从工程项目开始向工程系统（基础设施系统、城市系统、建成环境系统）转变，时间范畴从工程建设单阶段向工程系统全生命周期转变，管理层级从微观个体行为向中观、宏观系统行为转变，管理环境由物理环境（Physical System）向信息物理环境（Cyber-Physical System）、信息物理社会环境（Cyber-Physical Society）转变。这种变化趋势更趋于适应新工程实践环境的变化与需求。

我们需要认真思考的是，工程管理科学研究与人才培养如何满足新时代国家发展的重大需求，如何适应新一代信息技术环境下的变革需求？我们提出“新工程管理”的理论构念和学术术语，作为回应上述基础性重大问题的理论创新尝试。总体来看，在战略需求维度，“新工程管理”应适应新时代社会主义建设对人才的重大需求，适应新时代中国高等教育对人才培养的重大需求，以及“新工科”“新文科”人才培养环境的变化；在理论维度，“新工程管理”应体现理论自信，实现中国工程管理理论从“跟着讲”到“接着讲”，再到“自己讲”的转变，讲好中国工程故事，建立中国工程管理科学话语体系；在建设维度，“新工程管理”应坚持批判精神，体现原创性与时代性，构建新理念、新标准、新模式、新方法、新技术、新文化，以及专业建设中的新课程体系、新形态教材、新教学内容、新教学模式、新师资队伍、新实践基地等。

创新驱动发展。我们组织编写的“新工程管理”系列丛书的素材，一方面来源于我们团队最近几年开展的国家自然科学基金、国家重点研发计划、国家社会科学基金等科学研究项目成果的总结提炼，另一方面来源于我们邀请的国内外在工程管理某一领域具有较大影响的学者的研究成果，同时，我们也邀请了在国内工程建设行业具有丰富工程实践经验的行业企业和专家参与丛书的编写和指导工作。我们的目标是使这套丛书能够充分反映工程管理新的研究成果和发展趋势，立足中国工程实践，为工程管理理论创新提供新视角、新范式，为工程管理人才培养提供新思路、新知识、新路径。

感谢在本丛书编撰过程中提出宝贵意见和建议，提供支持、鼓励和帮助的各位专家，感谢怀着推动工程管理创新发展和提高工程管理人才培养质量的高度责任感积极参与丛书撰写的各位老师与行业专家，感谢积极在科研实践中刻苦钻研为丛书撰写提供重要资料的博士和硕士研究生们，感谢哈尔滨工业大学、中国建筑集团有限公司和广州大学各位同事提供的大力支持和帮助，感谢各参编与组织单位为丛书编写提供的坚强后盾和良好环境。我们尝试新的组织模式，不仅邀请国内常年从事工程管理研究和人才培养的高校的中坚力量参与丛书的编撰工作，而且，丛书选题经过精心论证，按照选题将编写人员进行分组，共同开展研究撰写工作，每本书的主编由具体负责编著的作者担任。我们坚持将每个选题做成精品，努力做到能够体现该选题的最新发展趋势、研究动态和研究水平。希望本丛书起到抛砖引玉的作用，期待更多学术界和业界同行积极投身到“新工程管理”理论、方法与应用创新研究的过程中，把中国丰富的工程实践总结好，为构建具有“中国特色、中国风格、中国气派”的工程管理科学话语体系，为建设智能、可持续的未来添砖加瓦。

薛小龙

2020 年 12 月于广州小谷围岛

前　言

建筑工业化是建筑业实现绿色、可持续、高质量发展的重要路径。我国从20世纪50年代开始研究推进建筑工业化。1956年国务院发布《关于加强和发展建筑工业的决定》，指出要有步骤地实行工厂化、机械化施工，逐步完成对建筑工业的技术改造，向建筑工业化过渡。自此，我国发展了标准化、工厂化和机械化的工程技术基础，以及传统技术和现代技术相结合的工业化建筑体系和管理方式。2013年以来，随着我国新型城镇化、工业化、信息化的快速发展，建筑工业化也呈现出了前所未有的发展势头。中央和地方各级政府也制定了系列政策大力推动建筑工业化的发展。

面对我国建筑工业化快速发展的形势，为了更好地把握城市、区域及国家的建筑工业化推进状况，准确、客观地评价我国建筑工业化的发展水平，为国家制定建筑工业化发展规划提供必要的决策依据，研制一套建筑工业化水平评价技术及方法体系具有重要意义。

本书从数据可获取性出发，遵循全面、客观、科学的原则，创新性地提出了一套适用于我国目前工业化建筑发展情况的发展水平评价体系、方法和标准。

第一，本书建立了城市、区域两个层面的工业化建筑发展水平评价体系。城市层面评价以企业为载体，指标体系包括了企业规模、创新技术和项目产出的3个一级指标，以及投资公司数量、结构设计技术、示范项目数量等的12个二级指标；区域层面评价指标体系包括了发展环境、技术创新、应用规模的3个一级指标，政策支持、论文水平、产业基地等的7个二级指标，以及政策数量、论文数量、装配式建筑产业基地数量等的15个三级指标。

第二，本书提出了利用基于层次分析法的灰色关联分析综合评价法，开展城市层面的工业化建筑发展水平指数测算；运用指标无量纲化处理、基于熵权法的指标权重计算和指数合成方法，进行区域层面工业化建筑发展水平指数测算。

第三，本书构建了以创新技术量化处理方法为核心的城市层面工业化建筑发展水平评价方法，以及涵盖数据获取、指标量化和评价流程的区域层面工业化建筑发展水平评价方法。

第四，本书建立了包括初始级、潜力级、起飞级、管理级和优化级，以关键域和关键实践为基本结构的工业化建筑发展水平成熟度模型，并提出了相应的成熟度评价指标和评价标准。

本书是国家重点研发计划课题“工业化建筑发展水平评价技术、标准和系统”（2016YFC0701808）的重要研究成果之一。感谢国家重点研发计划项目“工业化建筑检测与评价关键技术”（2016YFC0701800）项目组成员单位的支持和帮助，感谢各子课题单位对课题研究工作的协同与配合。同时，本书也得到了国家自然科学基金“BIM技术跨组织协同创新机制研究”（71671053）和广东省科技计划软科学重点项目“智慧城市建设与运营前沿技术预测研究”（2019B101001019）的支持。感谢广州大学张季超教授、王学通教授、王玉娜副教授、薛维锐博士、哈尔滨工业大学满庆鹏副教授、大连海事大学王亮博士、大连理工大学窦玉丹博士、广东工业大学王璐琪博士等团队成员的辛勤付出。感谢我的博士生季安康、罗廷，硕士生皇甫文博、尚书、李珠月等刻苦开展相关研究工作。特别是季安康（重点参与第1章、第2章、第3章）、皇甫文博（重点参与第1章、第2章、第3章）、李珠月（重点参与第4章）、尚书（重点参与第1章、第2章、第3章）按照我提出的思路开展了大量研究工作，取得了卓有成效的研究成果。本书是课题团队集体智慧的结晶。

本书提出的工业化建筑发展水平评价体系、方法与标准，是在工程技术创新领域进行量化评价的一次有益尝试，期待能够为系统识别工业化建筑发展过程中存在的薄弱环节，形成工业化建筑发展水平提升的改进策略，有效推动我国工业化建筑的发展做出贡献。

薛小龙

2020年10月于广州小谷围岛

目　　录

第1章

工业化建筑发展水平评价体系

1.1 城市层面工业化建筑发展水平评价体系

城市层面工业化建筑发展水平评价的基本思路是以城市内从事建筑工业化相关活动的企业为载体，实现对城市层面工业化建筑发展水平的评价。

了解评价对象是评价研究的首要工作。对企业工业化建筑技术创新能力进行评价之前，要先明确相关企业的特点以及这些企业技术创新的方向，这对于评价指标的选取具有至关重要的作用。

1.1.1 工业化建筑相关特点

1. 工业化建筑的行业特点

针对本书的研究目的，需要明确工业化建筑两个方面的行业特点。首先，工业化建筑近几年开始快速发展，还处于技术探索的阶段，没有达到宏观管理的水平，缺乏相关的统计数据；其次，相对于传统建筑，工业化建筑只是采用了一些新型的技术，对传统的建造方式进行了革新，归根结底属于建筑行业，并没有形成一个独立的行业。

2. 工业化建筑相关企业的特点

基于工业化建筑的行业特点，工业化建筑相关企业也有 2 个基本特点。首先，业界对“工业化建筑企业”并没有明确的定义，这就导致了从事工业化建筑业务的企业具有多样化的特点；其次，工业化建筑不一定是企业的唯一业务。少数企业从 20 世纪 80 年代就开始致力于工业化建筑的研究，一部分建筑企业为了适应社会的需求不断开展工业化建筑方面的业务，还有一些是近几年创立的专门从事工业化建筑业务的新型企业。所以，这些企业可能会同时开展多种业务，而工业化建筑只是其业务的一个方面。

3. 企业工业化建筑技术创新方面的特点

由于工业化建筑可能只是某些企业的一部分业务，所以这些企业可能会将一部分科研经费投入到工业化建筑的技术创新工作中；另外，工业化建筑涉及多种技术，极少数企业能够实现全方位的技术创新，大多数企业只是致力于工业化建筑某一方面的技术创新。

综合考虑以上特点，在行业层面，工业化建筑只是建筑行业的一部分；在企业层面，工业化建筑只是企业业务的一部分。所以，在建立评价指标体系时，不能直接从企业的层面选取指标，必须要选取与企业工业化建筑业务直接相关的指标，才能对企业的工业化建筑技术创新能力做出正确的评价。

1.1.2 工业化建筑发展水平评价指标

1. 评价指标的初步选取

初始评价指标体系如表 1-1 所示。

初始评价指标体系 **表 1-1**

评价目标	一级指标	二级指标	指标来源
技术创新能力	技术创新投入	企业 R&D 活动经费	缪根红等（2013）
		R&D 投入强度	
		企业 R&D 人员数量	崔总合和杨梅（2010）
		R&D 人员比重	
	创新技术水平	专利申请数量	汪志波（2013）
		论文发表数量	
		省级工法数量	杨亚频（2014）
		国家级工法数量	
	技术创新产出	鲁班奖工程数量	熊巍（2012）
		省优质工程奖数量	
		劳动生产率提高水平	
		施工质量提高水平	杨亚频（2014）
		环境污染降低效果	
	技术创新管理	管理者创新意识	陈瑶（2014）
		企业创新战略	
		企业创新激励机制	熊巍（2012）
		产学研创新组织数量	陈恒 等（2014）

1）技术创新投入

技术创新投入是企业提高技术创新能力的基础，适用于各种类型的企业。相关研究中常见的技术创新投入指标包括企业 R&D 活动经费、R&D 经费投入强度、企业R&D人员数量、R&D人员比重。

2）创新技术水平

对于建筑类企业来讲，创新技术极其重要，是不可或缺的一类指标。参考相关研究将专利申请数量和论文发表数量作为技术创新产出指标，或将将此二者作为创新技术指标，本书将其作为创新技术指标。除此之外，省级工法数量、国家级工法数量也能体现企业的创新技术水平。

3）技术创新产出

相关研究中常见的技术创新产出指标包括新产品销售收入、新产品利润率、社会效益等。对于建筑类企业，技术创新产出主要体现在实际的建设项目上，如鲁班奖工程数量、省优质工程奖数量、劳动生产率提高水平、施工质量提高水平、环境污染降低效果等。

4）技术创新管理

企业对于技术创新的管理和组织是企业持续增强技术创新能力的保障。常见的指标包括管理者创新意识、企业创新战略、企业创新激励机制、产学研创新组织数量。

2. 评价指标的筛选和确定

对大部分建筑企业，可以采用上述指标对其技术创新能力进行评价。然而，工业化建筑不同于传统建筑，工业化建筑相关企业也不同于一般企业，当前工业化建筑在很多方面的发展并不成熟。对于我国现阶段的工业化建筑，最大的关注点在于其技术水平，而相关管理及数据统计略显薄弱，从企业角度获取上述数据存在一定难度，需要结合工业化建筑的实际情况，对指标进行筛选、替换和添加，确定最终的评价指标体系。

1）技术创新投入方面

R&D经费和人员情况是企业技术创新投入的重要指标。由于多数情况下工业化建筑只是企业业务的一部分，企业的R&D经费投入、R&D人员比例等指标并不能代表企业在工业化建筑方面的技术创新投入水平。另外，国家层面对工业化建筑的统计工作才刚刚起步，企业更是缺乏工业化建筑技术创新方面的统计数据。所以，无法利用这些常见的指标对企业在工业化建筑方面的技术创新能力进行评价。

2）创新技术水平方面

相关研究采用了专利数量、论文数量和工法数量等指标对企业的创新技术水平进行评价。然而，专利和论文的质量水平是由多种指标决定的，只借助数量无法得出全面的评价结果。另外，工业化建筑涉及的创新技术有很多种，只考虑专利、论文和工法的数量，无法判断企业在各项技术上的技术创新能力。

本书结合工业化建筑全生命周期、“五化一体”发展思路以及众多学者提出的工业化建筑创新技术，将企业的“创新技术”分为“结构设计技术”“构件生产技术”“现场施工技术”“安装装修技术”和“信息管理技术”5项创新技术，分别对其进行评价。这样，既能评价企业在工业化建筑方面的整体技术水平，也能评价企业在某一项技术上的水平，使评价结果更具实际意义。

3）技术创新产出方面

建设项目是建筑行业最重要的产出。建筑企业参与具体项目的情况，对反映企业的技术创新能力也是十分重要的。鲁班奖和省级优质工程奖的范围覆盖所有的建设项目。而对于工业化建筑，国家和部分地区也专门发布了示范项目评选文件，并评选出了一批优秀的工业化建筑示范项目。企业参与这些示范项目的情况可以体现其工业化建筑技术创新产出能力。施工质量提高水平、环境污染降低水平等指标都属于定性指标，相关文献中并未提出量化方法，而工业化建筑的装配率或预制率是量化指标，更适用于评价企业技术创新产出能力。

本书将“项目产出”作为一级指标，代表企业在工业化建筑方面的技术创新产出能力，指企业参与国家级或省市级工业化建筑示范项目的情况。

综合上述分析，本书基于评价指标的选取原则、工业化建筑相关企业的技术创新特点，以及借鉴相关文献构建的评价指标，提出企业工业化建筑技术创新能力评价的3个一级指标，分别为“企业规模”“创新技术”和“项目产出”。

3. 企业工业化建筑技术创新能力评价指标

1）企业规模指标

通过对工业化建筑相关企业进行研究分析发现，很多企业（尤其是传统的建筑企业）为了开展工业化建筑相关业务，都会成立新的工业化建筑相关的子公司，从事研发设计、构件生产和装配化施工等工作。相较于企业本身，这些子公司更能体现该企业在工业化建筑方面的实际发展情况。

本书中的“企业规模”是指企业所投资的从事工业化建筑业务的子公司的总体规模。对于专门从事工业化建筑业务的企业，其投资的从事工业化建筑业务的子公司包括企业本身。为了更清楚地描述企业在工业化建筑方面的总体规模，将“企业规模”分为“投资公司数量”“分布地区数量”和“投入资本总额”3个二级指标。

（1）投资公司数量

投资公司数量是指企业所投资的从事工业化建筑业务的子公司的数量。很多企业本身并不从事工业化建筑业务，但是会投资一些子公司从事工业化建筑业务。例如，万科企业股份有限公司是一个房地产开发企业，但是其投资了一些工业化建筑研究设计公司和预制构件生产公司，这些公司专门从事工业化建筑业务。投资子公司的数量越多，相对应的员工数量、资金总量等都会增加。所以，一个企业所投资公司数量可以反映其在工业化建筑方面的总体规模。

（2）分布地区数量

分布地区数量是指企业所投资的从事工业化建筑业务的子公司分布在全国多少个地区，以城市为单位。由于建筑生产具有流动性，建筑企业的发展一般以横向扩张为主，先集中在一个城市，形成稳定市场之后，再向全国其他城市扩展业务。以工业化建筑相关企业为例，小型企业生产基地数量少，工业化建筑工程承包数量少，总体规模较小；大型企业与之相反，在很多城市拥有生产基地，承包的工程数量多、体量大，总体规模较大。因此，企业投资的子公司在全国范围内的布局，即分布地区数量，可以反映企业在工业化建筑方面的发展规模。

（3）投入资本总额

投入资本总额是指企业向从事工业化建筑业务的子公司投入的资金总额。企业向从事工业化建筑业务的子公司投资，作为注册资本。注册资本是公司进行生产活动的基础，注册资本越多，企业的规模就越大。企业对子公司的投入资本越大，说明企业在工业化建筑方面的投资规模越大。因此，投入资本总额能够衡量企业在工业化建筑方面的总体规模。

综上所述，评价企业的工业化建筑技术创新投入，一级指标为“企业规模”，二级指标分别为“投资公司数量”“分布地区数量”和“投入资本总额”，如表1-2所示。其中，指标属性表示该指标属于“正向”或“负向”，指标类型表示该指标属于“定性”或“定量”。

企业规模指标 **表1-2**

序号	指标名称	指标属性	指标类型	指标含义
1	投资公司数量	正向	定量	企业所投资的从事工业化建筑业务的子公司数量
2	分布地区数量	正向	定量	企业所投资的从事工业化建筑业务的子公司分布在全国多少个不同的城市
3	投入资本总额	正向	定量	企业向从事工业化建筑业务的子公司投入的资金总额

2）创新技术指标

本书将企业的“创新技术”分为“结构设计技术”“构件生产技术”“现场施工技术”“安装装修技术”和“信息管理技术”5个二级指标，涵盖工业化建筑整个建造过程中所涉及的各项技术。

（1）结构设计技术

常见的工业化建筑结构体系有很多种。基于这些结构体系，能够建造出符合质量要求的工业化建筑。而工业化建筑还要尤其考虑抗震性能、现场吊装工艺等问题，现有的结构体系还需进一步完善。不断创新的结构设计是工业化建筑良好发展的基本保障，企业在结构设计方面的技术水平至关重要。

（2）构件生产技术

预制构件生产是工业化建筑明显区别于传统建筑的重要环节。企业在预制构件生产阶段主要涉及3个方面的技术。第一，采用新型的生产设备或器具，提高预制构件的精度；第二，采用智能化制造技术优化生产流程，提高构件生产的效率；第三，采用新的材料，生产多样化的预制构件。预制构件生产技术水平的高低，直接影响企业的生产效率和成本。

（3）现场施工技术

传统建筑施工过程主要包括钢筋、模板、混凝土三个方面的工序。工业化建筑采用构件工厂化预制、现场机械组装的方式进行施工，主要涉及预制构件的连接技术、吊装技术、防水技术、支撑技术及其他关键技术。工业化建筑的施工质量和进度取决于现场装配化施工的技术水平，因此现场施工技术是确保工业化建筑质量和工期的关键技术，是评价企业工业化建筑技术水平不可或缺的指标。

（4）安装装修技术

工业化建筑“六化”中提到，工业化建筑要推行“装修一体化”。工业化建筑不仅需要做到装修一体化，还要实现机电设备的集成化施工，本书将这一类技术定义为安装装修技术。只有提高安装一体化和装修一体化技术，才能进一步提高建筑的装配化水平。安装装修技术是工业化建筑的关键技术。

（5）信息管理技术

信息化技术是工业化建筑发展不可或缺的一项关键技术。信息化技术可以使全生命周期中的设计、生产、装配、装修和管理各个环节紧密相连，使工业化建筑的整个建造过程更加协调。对于工业化建筑，信息管理技术是十分必要的，会使工业化建筑的生产效率不断提高。本书将信息管理技术作为一项重要指标来衡量企业工业化建筑技术水平的高低。

综上所述，企业在工业化建筑具体技术方面，一级指标为“创新技术”，二级指标分别为“结构设计技术”“构件生产技术”“现场施工技术”“安装装修技术”和“信息管理技术”，如表1-3所示。

创新技术指标　　表 1-3

序号	指标名称	指标属性	指标类型	指标含义
1	结构设计技术	正向	定性	在工业化建筑结构设计阶段，企业所拥有的创新技术的最终得分
2	构件生产技术	正向	定性	在工业化建筑构件生产阶段，企业所拥有的创新技术的最终得分
3	现场施工技术	正向	定性	在工业化建筑现场施工阶段，企业所拥有的创新技术的最终得分
4	安装装修技术	正向	定性	在工业化建筑安装装修阶段，企业所拥有的创新技术的最终得分
5	信息管理技术	正向	定性	在工业化建筑的信息管理中，企业所拥有的创新技术的最终得分

3）项目产出指标

为描述企业的工业化建筑技术创新产出能力，将“项目产出”分为“示范项目数量”“示范项目层级”“项目建筑面积”和“平均预制率系数”4个二级指标。

（1）示范项目数量

目前，国家和部分地区发布了工业化建筑示范项目评选的相关文件。经过科学评比，入选的工业化建筑项目都具有较高的技术水平。企业参与示范项目的数量反映其工业化建筑的产出水平，体现企业的技术创新能力。

（2）示范项目层级

根据评选机构的不同，工业化建筑示范项目可以分为“国家级”和“省市级”，不同层级的项目体现出企业不同的技术创新能力。通常情况下，“国家级”示范项目的技术水平和示范作用要高于“省市级”示范项目。本书认为，企业所参与的示范项目中，“国家级”示范项目的比例越大，示范项目层级越高；“国家级”示范项目的比例越小，示范项目层级越低。

（3）项目建筑面积

企业参与的工业化建筑项目数量多，规模未必大。工业化建筑项目的建筑面积才能真正代表项目规模。项目数量和建筑面积两者之间存在一定的正相关关系，但是这两个指标又能从不同层面体现企业在工业化建筑方面的技术创新能力。项目数量多、分布广，体现出企业的市场大、技术认可度高；而建筑面积大、难度高，体现出企业的项目规模大、技术水平高。因此，将“项目建筑面积”作为评价企业工业化建筑产出能力的重要指标。

（4）平均预制率系数

预制率或装配率是工业化建筑项目实施时首要考虑的指标，预制率或装配率越高，说明项目的技术水平越高。然而，项目预制率或装配率的数据较难获取。一方面，我国不同地区对预制率、装配率、预制装配率的定义有所不同，没有统一的计算方法；另一方面，通过查询一些工业化建筑项目数据，发现只有极少数项目会计算项目的预制率或装配率。

根据《上海市装配式建筑单体预制率和装配率计算细则》，项目的结构体系、预制构件类型、构件预制形式，都会影响项目整体的预制率系数，如表 1-4 所示。项目预制率系数越高，说明项目可实现的预制率或装配率越高。可以以此为依据计算项目预制率系数。

装配式建筑不同结构体系各预制构件的预制率系数 **表 1-4**

构件类型	预制形式	预制率系数			
		框架结构	剪力墙结构	框架-剪力墙结构	框架-核心筒结构
柱/斜撑	全预制柱/斜撑	0.09	—	0.18	0.135
	免模柱/斜撑	0.05	—	0.1	0.075
梁	全预制梁	0.198	0.072	0.36	0.288
	叠合梁	0.154	0.056	0.28	0.224
楼板	全预制板	0.252	0.216	0.225	0.243
	免模免支撑板	0.168	0.144	0.15	0.162
	免模板	0.112	0.096	0.1	0.108
墙体	全截面预制墙（保温）	0.2565	0.57	0.095	0.228
	全截面预制墙	0.243	0.54	0.09	0.216
	双面叠合墙	0.2025	0.45	0.075	0.18
	单面叠合墙	0.081	0.18	0.03	0.072
楼梯	全预制	0.01	0.02	0.02	0.02
凸窗	全截面预制墙（保温）	—	0.019	0.019	—
	全截面预制墙	—	0.018	0.018	—
	双面叠合墙	—	0.015	0.015	—
	单面叠合墙	—	0.006	0.006	—
阳台板	全预制板	—	0.018	—	—
	免模板	—	0.008	—	—
空调板	全预制板	—	0.01	—	—
女儿墙	全截面预制墙（保温）	0.0285	0.0095	0.0095	—
	全截面预制墙	0.027	0.009	0.009	—
	双面叠合墙	0.0225	0.0075	0.0075	—
	单面叠合墙	0.009	0.003	0.003	—

“项目预制率系数”是针对单一装配式建筑项目而言，而本书的评价对象是企业，故采用“平均预制率系数”来代替“项目预制率系数”，对企业所参与的工业化建筑项目的装配化水平和技术水平进行评价。“平均预制率系数”即为各个工业化建筑项目“项目预制率系数”的平均值。

综上所述，企业在工业化建筑技术创新产出方面，一级指标为“项目产出”，二级指标分别为“示范项目数量”“示范项目层级”“项目建筑面积”和“平均预制率系数”，如表 1-5 所示。

项目产出指标 表1-5

序号	指标名称	指标属性	指标类型	指标含义
1	示范项目数量	正向	定量	企业所参与的“国家级”和“省市级”工业化建筑示范项目的总数
2	示范项目层次	正向	定量	“国家级”示范项目数量占示范项目总数的比例
3	项目建筑面积	正向	定量	企业所参与的工业化建筑示范项目的建筑面积总和
4	平均预制率系数	正向	定量	企业所参与的工业化建筑示范项目的平均预制率系数

通过综合考虑评价指标的选取原则，相关文献构建的评价指标，以及工业化建筑发展的实际情况，本书对评价指标进行了详细的分析和筛选，选取了一些适用于企业工业化建筑评价的指标，最终制定了企业工业化建筑技术创新能力评价指标体系，如表1-6所示。

企业工业化建筑技术创新能力评价指标体系 表1-6

评价目标	一级指标	二级指标	指标类型
企业工业化建筑技术创新能力	企业规模	投资公司数量	定量
		分布地区数量	定量
		投入资本总额	定量
	创新技术	结构设计技术	定性
		构件生产技术	定性
		现场施工技术	定性
		安装装修技术	定性
		信息管理技术	定性
	项目产出	示范项目数量	定量
		示范项目层次	定量
		项目建筑面积	定量
		平均预制率系数	定量

从表中可以看出，该评价指标体系分为3个层级。评价目标为企业工业化建筑技术创新能力；一级指标包括“企业规模”“创新技术”和“项目产出”；二级指标分别从企业规模、创新技术和项目产出3个方面展开，共包括12个基础指标。

1.2 区域层面工业化建筑发展水平评价体系

为了对各地区的工业化建筑发展水平进行评价，需要建立科学合理的评价指标体系。总体来讲，一个地区为工业化建筑的发展提供了良好的发展环境，相关企业拥有较高的技术创新水平，并且当地的工业化建筑已经具备了一定的规模，那么该地区的工业化建筑发展水平就会比较高。基于这个思路，本研究从发展环境、技术创新和应用规模三个角度构建工业化建筑发展水平评价指标体系。

1.2.1 发展环境指标

一个地区必须具备良好的发展环境，才能使当地的工业化建筑良性发展。任何行业的发展都离不开政府部门的支持，同时也需要相关科研机构和科研人员提供技术方面的支持。所以，一个地区工业化建筑的发展环境可以从政策支持和科研支持两个方面进行评价。

1. 政策支持

1）政策数量

随着国家大力推广工业化建筑，各地区都颁布了鼓励工业化建筑发展的政策。不同地区之间政策数量有较大差别，这也体现了各地区对工业化建筑的鼓励和支持程度。

2）政策效力

各地区通常会由不同的部门颁布相关政策。各地方人民政府、住建厅、环保局、国土局等部门都可以作为政策制定主体颁布工业化相关政策。不同部门所颁布的政策具有不同的效力，对当地工业化建筑的发展也会产生不同程度的影响。

2. 科研支持

1）学术会议数量

目前，全国有很多工业化建筑相关的会议，如中国建筑产业现代化学术年会、全国 BIM 学术会议和全国工业化建筑交流大会等，会议内容大多涉及工业化建筑领域的前沿研究。对一个地区而言，能够举办类似的会议说明该地区具有促进工业化建筑发展的学术环境。

2）研究机构数量

由于工业化建筑近几年的发展比较迅速，产生了很多相关研究机构，其中包括一些高校、设计院和研究所等。这些研究机构致力于工业化建筑结构体系、预制材料、施工工艺、信息管理技术和管理方式等各个方面的研究，为当地工业化建筑的发展提供了充分的技术支持。

1.2.2 技术创新指标

专利和论文中的内容反映了当时社会环境下的前沿领域和先进技术，具有较高的创新性。专利和论文是企业、高校、科研机构技术创新过程中的重要成果，可以体现一个地区的技术创新方向和能力。因此，本书从专利水平和论文水平两个方面来评价一个地区工业化建筑的技术创新水平。

1. 专利水平

1）专利申请量

专利申请量是评价一个地区专利水平最为直观的指标。与工业化建筑相关的专利申请量多，既说明一个地区致力于工业化建筑研究的人员数量较多，也说明该地区在工业化建筑的研究上取得了较好的成绩，研究成果具有很高的创新性和实用性。

2）发明专利授权率

一个地区的专利申请量只能代表该地区专利的数量水平，而不能代表其专利的质量水平。发明专利授权率是发明授权专利占发明申请专利的比重，专利质量水平高，则授权率一般较高；反之，专利质量水平低，则授权率一般较低。因此，本书采用发明专利授权率反映专利的质量。

2. 论文水平

1）论文数量

与专利数量类似，论文数量也可以直接体现一个地区的论文水平。论文发表数量越多，说明该地区对工业化建筑的研究比较深入，对工业化建筑的发展具有指导性作用。

2）论文层次

不同期刊所刊载的论文，质量水平有所不同。研究一个地区的论文水平时，还需要考虑论文的质量如何，论文所在的期刊水平如何。因此，本书将论文层次作为一个指标来评价论文水平。

1.2.3 应用规模指标

在我国工业化建筑发展的不同阶段，住房城乡建设部颁布了一系列“示范城市”“产业基地”和“示范项目”的管理办法，评选出了一批在工业化建筑方面拥有突出成果的城市、基地和项目。这些产业基地、示范城市和示范项目的情况，在一定程度上可以反映一个地区工业化建筑的应用规模。

1. 产业基地

1）国家住宅产业化基地数量

2006年6月21日，住房城乡建设部颁布了《国家住宅产业化基地试行办法》，先后评选出了一批国家住宅产业化基地。这些基地都是工业化建筑技术应用的典范，一个地区拥有国家住宅产业化基地的数量可以代表该地区在工业化建筑方面的应用规模。

2）装配式建筑产业基地数量

2017年3月23日，住房城乡建设部颁布了《装配式建筑产业基地管理办法》，并于2017年11月9日公布了第一批装配式建筑产业基地。与住宅产业化基地类似，装配式建筑产业基地是新时代工业化建筑发展的典型代表，可以作为评价一个地区工业化建筑应用规模的指标。

2. 示范城市

1）住宅产业化示范城市数量

住房城乡建设部依据《国家住宅产业化基地试行办法》评选出了一批国家住宅产业化示范城市。根据评选标准分析，这些城市的工业化建筑发展水平较高，可以衡量一个地区工业化建筑的整体应用规模。

2）装配式建筑示范城市数量

住房城乡建设部依据《装配式建筑产业基地管理办法》评选出了一批装配式建筑示范城市，可以用于评价一个地区的工业化建筑应用规模。

3. 示范项目

1）装配式建筑科技示范项目数量

一个地区工业化建筑项目的建设情况更能代表该地区工业化建筑的应用规模。2016年7月5日，住房城乡建设部编制了《住房城乡建设部2016年科学技术项目计划——装配式建筑科技示范项目》。这些示范项目代表了我国工业化建筑的最高技术水平，可以作为评价区域工业化建筑应用规模的基础。

2）装配式建筑科技示范项目建筑面积

示范项目数量多，并不代表规模大。示范项目的建筑面积更能代表其规模。尽管项目数量和建筑面积两者之间存在一定的正相关关系，但是这2个指标又能从不同层面分别体现出一个地区工业化建筑的应用规模。

3）装配式建筑科技示范项目投资额

示范项目的投资额同样从另一个侧面来描述示范项目的规模，投资额越高，项目规模越大，也能够体现地区工业化建筑的应用规模。

综上所述，本书所构建的工业化建筑发展水平评价指标体系共分为4个层级，评价目标为工业化建筑发展水平，一级指标包括“发展环境”“技术创新”和“应用规模”。从这三个方面出发，建立了7个二级指标和15个三级指标，如图1-1所示。

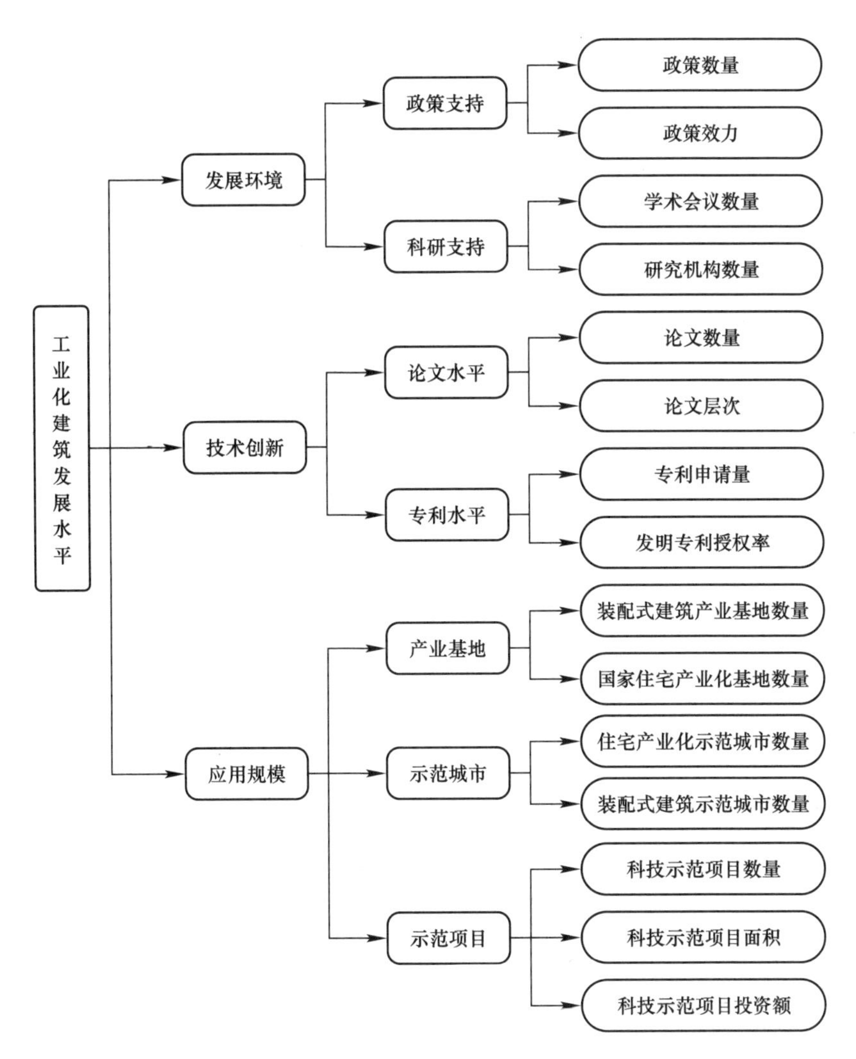

图 1-1　区域层面工业化建筑发展水平评价指标体系

第2章

工业化建筑发展水平指数测算方法

2.1 城市层面工业化建筑发展水平指数测算方法

2.1.1 基于层次分析法的灰色关联分析法

通过对常见的几种综合评价方法进行分析，发现各评价方法具有不同的特点和适用范围。为了获取最准确的评价结果，需要结合本书的评价对象、评价指标体系以及指标数据类型等，选取最合理的综合评价方法。对5种综合评价方法进行比较和适用性分析，结果如表2-1所示。

综合评价方法适用性分析　　表2-1

序号	评价方法	主要作用	本书对应特点	适用性
1	模糊综合评价法	定量分析定性指标	定性指标已采取打分方式量化	不适用
2	因子分析法	克服指标相关性	指标相关性较弱，样本量不大	不适用
3	数据包络分析法	计算投入-产出效率	无明显投入和产出指标	不适用
4	层次分析法	赋予指标权重	二级指标、三级指标缺乏权重	部分适用
5	灰色关联分析法	计算评价对象与最优值之间差别	需要确定每一个评价对象的技术创新能力处于什么水平	适用

从表2-1中可以看出，层次分析法和灰色关联分析法对于本研究具有一定的适用性。然而，这2种评价方法也存在一些问题。层次分析法可以为一级指标和二级指标赋予权重，但其并不是一个完整的综合评价方法。并且，利用层次分析法为指标赋予权重时，存在主观性。灰色关联分析法可以较好地对每一个评价对象进行综合评价，但在最后一步计算关联度时采用算术平均数，对所有的指标一概而论，使得到的结果不够合理和准确。

本书构建的城市层面工业化建筑发展水平评价指标体系中的一级指标包括“企业规模”“创新技术”和“项目产出”3个方面，其中“创新技术”是最重要

的评价指标，而“企业规模”和“项目产出”次之。由于本书中各个评价指标之间本身具有优劣之分，采用主观的方式为其赋予权重是合理的。另外，“企业规模”和“项目产出”这2个指标的数量级要远大于“创新技术”指标得分的数量级，而且各个企业之间差异明显，如果采用变异系数法、熵权法等客观赋权的方法，会使“企业规模”和“项目产出”2项指标的权重大于创新技术指标，不符合本研究的技术导向评价原则。

综上所述，本书最终采用基于层次分析法的灰色关联分析综合评价方法。总体上采用灰色关联分析法对企业工业化建筑技术创新能力进行综合评价，为了弥补灰色关联分析法对指标平权计算的缺点，利用层次分析法为指标赋予合理的权重。

2.1.2 使用层次分析法确定指标权重

本书中完整的评价流程要结合层次分析法和灰色关联分析法两种综合评价方法，但是这两种方法也是独立使用的。本书构建的评价模型，先使用层次分析法为各个指标赋予合理权重，再采用灰色关联分析法计算企业技术创新能力得分。确定指标权重的过程，分为以下3个步骤。

1. 构造判断矩阵

将各个指标的相对重要性用数值表示出来，即为判断矩阵。判断矩阵是层次分析法计算指标权重的数据基础，需要征求相关专家的意见，综合考虑之后，再进行构造。以图2-1所示的层次结构为例，判断矩阵的形式如下：

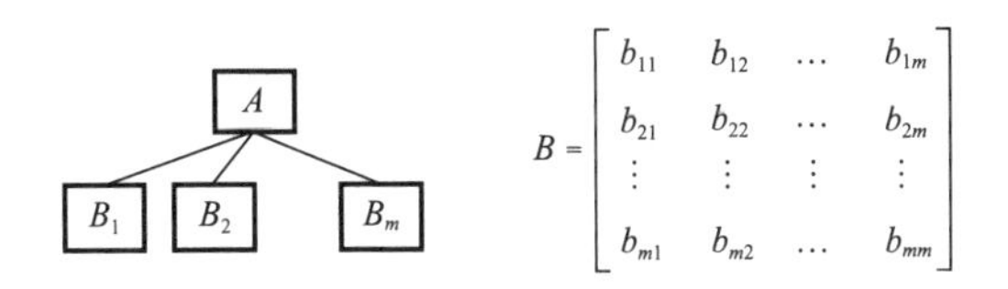

$$B=\begin{bmatrix} b_{11} & b_{12} & \cdots & b_{1m} \\ b_{21} & b_{22} & \cdots & b_{2m} \\ \vdots & \vdots & \vdots & \vdots \\ b_{m1} & b_{m2} & \cdots & b_{mm} \end{bmatrix}$$

图2-1　示例层次结构

矩阵B中，b_{rs}表示对于评价对象而言，b_r相对于b_s的重要性。这些重要性用数值来表示，其含义为：1—b_r与b_s具有相同的重要性；3—b_r比b_s稍微重要；5—b_r比b_s明显重要；7—b_r比b_s强烈重要；9—b_r比b_s极端重要。另外，2、4、6、8表示上述两相邻判断的中值。

2. 计算判断矩阵的特征向量

采用方根法计算特征向量，如下式所示。

$$M_r=\prod_{s=1}^{m}b_{rs}$$

式中　M_r——判断矩阵 B 中第 r 行元素的乘积。

$$\omega_r = \frac{\sqrt[m]{M_r}}{\sum_{r=1}^{m} \sqrt[m]{M_r}}$$

式中　ω_r——第 r 个指标的权重。

而 $W=(\omega_1, \omega_2, \cdots, \omega_m)$ 即为所求的判断矩阵的特征向量，由各个指标的权重组成。

3. 一致性检验

求出各个指标的权重之后，还要计算判断矩阵的一致性指标 CI。CI 是一致性检验的数据基础，CI 得出：

$$\lambda_{max} = \frac{1}{m}\sum_{r=1}^{m}\frac{(BW)_r}{\omega_r}$$

式中　$(BW)_r$——向量 BW 的第 r 个元素；

λ_{max}——矩阵 B 的最大特征值。

$$CI = \frac{\lambda_{max} - m}{m-1}$$

RI 同样是一致性检验的数据基础。对于 1～9 阶矩阵，RI 具有固定的取值，如表 2-2 所示。

不同阶数 *RI* 的取值　　**表 2-2**

阶数	1	2	3	4	5	6	7	8	9
RI	0.00	0.00	0.58	0.90	1.12	1.24	1.32	1.41	1.45

最后，还要计算 CR 的值。CR 为 CI 与 RI 的比值，称为判断矩阵的随机一致性比例。当 $CR=CI/RI\leqslant 0.10$ 时，判断矩阵具有一致性，否则要重新分析专家打分的合理性。

利用层次分析法，可以求出每个一级指标的权重以及隶属于一级指标的每个二级指标的权重，作为后续评价的基础。

2.1.3　灰色关联分析法

城市层面工业化建筑发展水平评价体系包括评价目标、一级指标和二级指标，共 3 个层级，属于多层次综合评价问题，要采用多层次灰色关联分析法。多层次灰色关联分析综合评价的基本思路如下：先对每个一级指标进行单层次综合评价，得出各个一级指标下参考数列与比较数列之间的关联度，然后将一级指标下的关联度加权合成，计算出最终的关联度。

2.1.4 对指标进行综合评价

1. 对一级指标进行综合评价

根据上述分析，需要先将评价指标体系中的每个一级指标及其下层的二级指标作为独立的评价系统，采用单层次灰色关联分析法逐一对其进行综合评价。

假设共有 n 个企业，评价指标体系包括 u 个一级指标，第 k 个一级指标包括 m 个二级指标，其中 $k=(1,2,\cdots,u)$。本节以第 k 个一级指标以及隶属于其的 m 个二级指标为例，利用单层次灰色关联分析法对其进行综合评价，整个评价过程包括以下 4 个步骤。

1）确定比较数列和参考数列

比较数列由每个企业的各个指标的数值构成，共有 n 个，分别记为 $x_1,x_2,\cdots,x_n$，$x_i=[x_{i1},x_{i2},\cdots,x_{im}]$，$x_{ir}$ 为 x 第 i 个企业的第 r 个指标的原始数据，$i=1,2,\cdots,n$，$r=1,2,\cdots,m$。参考数列由各个指标在所有企业中的最优值构成，这些数值属于一个虚拟的最佳企业，记为 x_0，$x_0=[x_1^*,x_2^*,\cdots,x_m^*]$，$x_r^*$ 为第 r 个指标在所有企业中的最优值。将参考数列与比较数列进行汇总，可以构建矩阵 D：

$$D=\begin{bmatrix} x_1^* & x_2^* & \cdots & x_m^* \\ x_{11} & x_{12} & \cdots & x_{1m} \\ \vdots & \vdots & \vdots & \vdots \\ x_{n1} & x_{n2} & \cdots & x_{nm} \end{bmatrix}$$

矩阵 D 中包含了作为评价对象的每个企业的各个指标的原始数据以及虚拟的最佳企业的各个指标的数据。本评价的目的就是求各个比较数列与参考数列之间的关联度，即各个企业与最佳企业之间的相似度。

2）对比较数列和参考数列进行标准化处理

不同的评价指标，量纲、数量级都有所不同，计算关联系数之前，要对矩阵 D 中的原始数据进行标准化处理。在实证研究阶段，选取部分企业进行评价。这些企业无法代表工业化建筑行业的最高水平或最低水平，因此标准化处理的过程中应避免出现“1”或“0”的结果。经过筛选，采用公式对原始数据进行标准化处理：

$$e_{ir}=\frac{x_{ir}}{max(x_r)+min(x_r)}$$

式中　e_{ir}——第 i 个企业的第 r 个指标标准化之后的数值；

$max(x_r)$——第 r 个指标在所有企业中的最大值；

$min(x_r)$——第 r 个指标在所有企业中的最小值。

矩阵 D 中的数据标准化处理之后，得到标准化矩阵 E：

$$E=\begin{bmatrix} e_1^* & e_2^* & \cdots & e_m^* \\ e_{11}^* & e_{12}^* & \cdots & e_{1m}^* \\ \vdots & \vdots & \vdots & \vdots \\ e_{n1}^* & e_{n2}^* & \cdots & e_{nm}^* \end{bmatrix}$$

3）计算关联系数

关联系数是指每个企业的各个指标的数值与该指标的最优值之间的关联程度或相似程度。

首先，计算每个比较数列与参考数列之间的差值，即将每一个指标的企业数据分别与最优数据相减，取其绝对值，得到矩阵 Δ。Δ_{ir} 表示第 i 个企业的第 r 个指标值 e_{ir} 与第 r 个指标的最优值 e_r^* 两者之间的绝对值。

$$\Delta=\begin{bmatrix} \Delta_{11} & \Delta_{12} & \cdots & \Delta_{1m} \\ \Delta_{21} & \Delta_{22} & \cdots & \Delta_{2m} \\ \vdots & \vdots & \vdots & \vdots \\ \Delta_{n1} & \Delta_{n2} & \cdots & \Delta_{nm} \end{bmatrix}$$

然后，利用公式计算第 i 个企业的第 r 个指标的数值与第 r 个指标的最优值之间的关联系数 ξ_{ir}：

$$\xi_{ir}=\frac{\Delta min+\rho\Delta max}{\Delta_{ir}+\rho\Delta max}$$

式中　Δmin——矩阵 Δ 中的最小值；

Δmax——矩阵 Δ 中的最大值；

ρ——分辨系数，$\rho\in[0,1]$，一般取 0.5。

最后，利用计算出的关联系数，构建关联系数矩阵 R，作为计算关联度的数据基础：

$$R=\begin{bmatrix} \xi_{11} & \xi_{12} & \cdots & \xi_{1m} \\ \xi_{21} & \xi_{22} & \cdots & \xi_{2m} \\ \vdots & \vdots & \vdots & \vdots \\ \xi_{n1} & \xi_{n2} & \cdots & \xi_{nm} \end{bmatrix}$$

4）计算关联度

关联系数是比较数列与参考数列在各个时刻的关联程度，它的数值不止一个。因此，要将各个时刻的关联系数集中为一个值，即求其平均值，作为比较数列与参考数列之间的关联度。

结合关联系数矩阵和指标权重，可以计算关联度。各个指标的权重利用层次分析法进行计算，记为 $W=(\omega_1,\omega_2,\cdots,\omega_m)^T$。然后，利用公式计算各个企业与最优企业之间的关联度：

$$\gamma = R \cdot W$$

式中　γ——第 k 个一级指标下，每个企业与最佳企业之间的关联度构成的向量。

其中，$\gamma=(\gamma_1,\gamma_2,\cdots,\gamma_n)^T$，$\gamma_i$ 表示在第 k 个一级指标下，第 i 个企业与最佳企业之间的关联度。γ_i 的值越高，表示该企业在第 k 个一级指标方面表现越优秀；反之则有待提高。

2. 对评价目标进行综合评价

将第 k 个一级指标作为一个独立的评价系统，对所有企业进行综合评价。γ_i 表示在第 k 个一级指标下，第 i 个企业与最佳企业之间的关联度，为了便于对评价目标进行评价，将 γ_i 重新记作 γ_{ik}。利用上述方法可以对每个一级指标进行综合评价，然后利用计算得出的结果对评价目标进行综合评价。

在对最终评价目标进行评价时，评价对象依然是 n 个企业，评价指标变成了 u 个一级指标。二级指标拥有对应的原始数据，一级指标没有原始数据。因此，不需要构造由参考数列和各个比较数列组成的原始数据矩阵，也不需要对其进行标准化处理。

首先，利用计算得出的各个一级指标下，每个企业与最佳企业之间的关联度，构造新的关联系数矩阵 R'：

$$R' = \begin{bmatrix} \gamma_{11} & \gamma_{12} & \cdots & \gamma_{1u} \\ \gamma_{21} & \gamma_{22} & \cdots & \gamma_{2u} \\ \vdots & \vdots & \vdots & \vdots \\ \gamma_{n1} & \gamma_{n2} & \cdots & \gamma_{nu} \end{bmatrix}$$

矩阵 R' 中，γ_{ik} 既可以表示为在第 k 个一级指标下第 i 个企业与最佳企业之间的关联度，也可以表示第 i 个企业的第 k 个指标的数值与第 k 个指标的最优值之间的关联系数。因此，新的关联系数矩阵由各个一级指标下，每个企业与最佳企业之间的关联度构成。

然后，采用层次分析法计算 u 个一级指标的权重，记为 $W'=(\omega_1',\omega_2',\cdots,\omega_u')^T$，$\omega_k'$ 为第 k 个一级指标的权重。

最后，结合关联系数矩阵 R' 和特征向量 W'，利用公式计算每个企业与最佳企业之间的关联度：

$$\gamma' = R' \cdot W'$$

式中　γ'——每个企业与最佳企业之间的关联度构成的向量。

其中，$\gamma'=(\gamma_1',\gamma_2',\cdots,\gamma_n')^T$，$\gamma_i'$ 表示第 i 个企业与最佳企业之间的关联度。γ_i' 的

值越大，表示第 i 个企业与最佳企业的相似程度越高。结合本研究的目的，γ_i'的值越大，表示第 i 个企业的工业化建筑技术创新能力越高。

利用灰色关联分析法计算得出最终的 γ'值之后，可以对各个企业的工业化建筑技术创新能力进行比较和排序。还可以对企业每个一级指标的 γ 值进行深入分析，探索影响企业工业化建筑技术创新能力的具体因素。

2.2 区域层面工业化建筑发展水平指数测算方法

2.2.1 指标无量纲化处理

为了消除各个指标之间单位不同、数量级不同所带来的影响，需要对指标进行无量纲化处理。假设各指标的原始值为 x_{ij}，无量纲化处理之后的值为 y_{ij}。

本研究采用对数的方式对指标进行无量纲化处理，为了将无量纲化处理之后的数值控制在 0 到 100 之间，取对数的底数为 3，将对数的数值控制在 0 到 2 之间，乘以 50 即是无量纲化处理的结果。

为了保证测算得出的指数在区域维度和时间维度上都具有可比性，需要确定固定基准。本研究以 2017 年各个区域数值总和的均值作为固定基准，记为 x_G，以后的研究计算都以本值作为基准，固定不变。

无量纲化处理的计算方法如下式所示：

$$y_{ij}=\left[log_3\left(1+\frac{x_{ij}}{x_G}\right)\right]\times 50$$

式中 y_{ij}——第 i 个地区第 j 个指标无量纲化处理之后的值；

x_{ij}——第 i 个地区第 j 个指标的原始值；

x_G——各个指标的基准值。

2.2.2 指标权重的计算

为了消除为指标赋予权重时存在的主观性问题，本研究采用熵权法为各个指标赋予权重，分为以下两个步骤。

1. 计算各个指标的信息熵

一组数据的信息熵可由下式计算得出。

$$p_{ij}=y_{ij}/\sum_{i=1}^{n}y_{ij}$$

式中 p_{ij}——第 i 个地区第 j 个指标占第 j 个指标总和的比例。

$$E_j = -(\ln(n))^{-1}\sum_{i=1}^{n}(p_{ij} ln p_{ij})$$

式中　E_j——第 j 个指标的信息熵；

n——第 j 个指标的样本量。

2. 计算各个指标的权重

各个指标的权重可由下式计算得出。

$$W_j = \frac{1-E_j}{n-\sum E_j}$$

式中　W_j——第 j 个指标的权重。

2.2.3　指数合成方法

将各个指标数据进行无量纲化处理之后，结合利用熵权法确定的指标权重，合成上一层级指数，计算方法如下式所示。

$$I_i = \sum_{j=1}^{m} y_{ij} W_j$$

式中　I_i——第 i 个地区的上一层级指数。

利用上述方法，可以合成各个地区每一个层级的指数。

第3章

工业化建筑发展水平评价方法

3.1 城市层面工业化建筑发展水平评价方法

本研究的目的在于构建一个普适的评价模型，以对城市工业化建筑发展水平进行定量评价。专利和论文中所涉及的内容都是当时社会环境下的前沿领域和先进技术，具有较高的创新性。对企业而言，专利和论文是其技术创新过程中非常重要的产出，反映了企业的各项研究成果和创新技术。根据企业的专利和论文情况，可以得知该企业致力于哪些创新技术的研究以及这些创新技术具备什么样的创新水平。本书以专利和论文数据为基础，通过科学合理的方式对企业 5 个方面的创新技术进行量化处理。

3.1.1 量化处理基本思路

基于专利和论文数据，对企业的某项创新技术进行量化处理的基本思路是：找出企业中与该创新技术相关的专利和论文，对每一项专利和每一篇论文进行打分，汇总计算企业在某项创新技术上的得分。对某项创新技术进行量化处理，总体上可分为以下 4 个过程。

1. 查询相关专利和论文

利用专利和论文数据对企业的某项创新技术进行量化处理之前，首先要通过相关途径获取该企业所有与工业化建筑创新技术相关的专利和论文。

2. 对专利和论文进行分类

本书将企业工业化建筑创新技术分成 5 种类型，对 5 类创新技术分别进行量化处理。但是，企业的专利和论文中会涉及一项或者多项创新技术，需要提前对这些专利和论文进行分类。

在对实证企业进行评价之前，本书从专利检索网站和论文查询网站中收集了一些工业化建筑相关的专利和论文，根据专利和论文的内容，对其进行了初步分类，示例如表 3-1、表 3-2 所示。

工业化建筑相关专利分类示例　　表 3-1

创新技术类型	示例专利名称
结构设计技术	大跨度预制剪力墙体系
	一种装配式钢筋混凝土墙板框架结构
构件生产技术	一种新型预制带保温叠合墙板
	一种轻型结构房屋用木龙骨框复合轻质预制楼板
现场施工技术	一种预制连梁和预制墙连接端部施工方法
	预制混凝土构件水平钢筋连接构件及连接施工方法
安装装修技术	光伏光热系统与建筑一体化安装构件及安装方法
	一种模块化电热膜地暖复合板及其铺装方法
信息管理技术	基于 BIM 的装配式建筑建造全过程数据协同管理系统

工业化建筑相关论文分类示例　　表 3-2

创新技术类型	示例论文名称
结构设计技术	装配式斜支撑节点钢框架结构桁架梁等代分析研究
	新型预应力混凝土叠合板结构体系
构件生产技术	PC 制造的精益管理
现场施工技术	钢筋套筒灌浆连接施工质量控制措施
	基于 Solidworks 的大尺寸异形模块吊装技术研究
安装装修技术	预制装配结构全装修设计与施工技术
信息管理技术	BIM 技术在预制装配式工程中的应用

3. 对专利和论文进行评价和打分

完成企业所有与工业化建筑创新技术相关的专利和论文收集，并对其进行分类之后，采用科学的方法对每一项专利和每一篇论文进行评价和打分。

4. 汇总计算各个创新技术的综合得分

以工业化建筑结构设计技术为例，对企业所有结构设计技术相关的专利和论文进行评价和打分之后，将这些专利和论文的得分进行汇总，可以得出该企业在工业化建筑结构设计技术方面的总得分，即为结构设计技术的最终量化结果。

3.1.2　专利数据的打分方法

企业创新技术的量化处理包括 4 个过程，其重点在于如何对专利或论文进行评价和打分。本节主要探讨专利数据的评价和打分方法。

相关文献中对专利质量进行评价的指标非常多，如专利被引次数、发明授权率、发明专利占比、技术生命周期以及同族专利数量等。这些都从不同的侧面反映了专利的质量，具有不同的适用性。

本研究评价和打分的对象是国内企业申请的与工业化建筑相关性很强的专利，因此技术覆盖范围、科学关联度和同族专利数等指标不符合要求。经过筛选将专利被引次数作为专利评价指标之一。专利被引次数是指一项专利被后来专利所引用的次数，如果一项专利被频繁引用，说明该专利是该领域的基础技术，可以体现专利的先进水平。

除此之外，专利可以分为发明专利、实用新型专利和外观设计专利 3 种类型，不同类型的专利所具有的创新性也有所不同，将专利类型作为专利评价指标之一，可以体现专利的创新水平。因此，本书从专利被引次数和专利类型 2 个方面对专利进行评价和打分。

1. 专利被引次数的打分标准

根据上述分析，专利被引次数的得分与被引次数的高低呈现正相关关系。其实，专利的被引次数本身就是具体的数值，具有可比较性。而专利类型却不是具体的数值，且专利被引次数与后续的论文评价指标之间差异性很大，不能直接进行数值的加减。

吴菲菲等（2014）的研究中，将生物医药行业各专利指标的行业均值作为基准，来修正各个指标的数值。以此为启发，本书为专利被引次数赋予 5、4、3、2、1 的数值以描述专利的先进水平。

首先，利用 Innojoy（www. innojoy. com）网站检索工业化建筑相关专利，检索条件为“（TI＝装配式）or（ABST＝装配式）”，共检索到 10931 条结果。将检索结果按照专利被引次数降序排列，如图 3-1 所示。

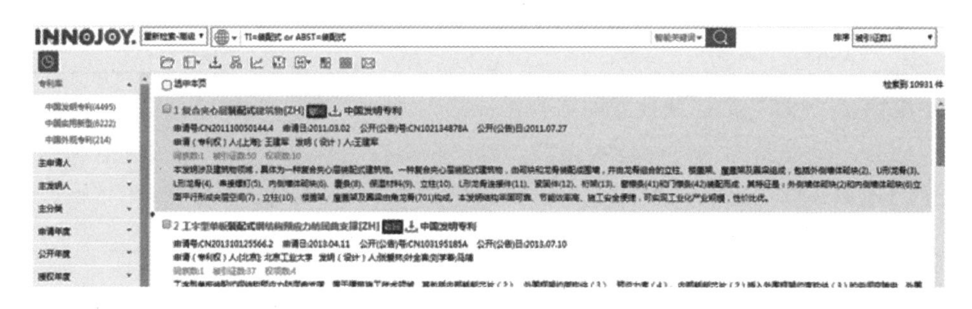

图 3-1　Innojoy 网站工业化建筑相关专利检索结果

进一步分析发现，检索结果中只有 3007 项专利被其他专利所引用。从 3007 项专利中按照顺序找出专利被引次数的 3 个四分位数，从小到大依次为 1、2、7。根据专利被引次数的 3 个四分位数，得出专利被引次数的打分标准如表 3-3 所示。

专利被引次数打分标准　　表 3-3

专利被引次数得分	被引次数（ZF）范围	含义
5	7＜ZF	专利被引次数大于 7
4	2＜ZF≤7	专利被引次数大于 2，且小于等于 7
3	1＜ZF≤2	专利被引次数大于 1，且小于等于 2
2	0＜ZF≤1	专利被引次数大于 0，且小于等于 1
1	ZF＝0	专利被引次数等于 0

2. 专利类型的打分标准

专利包括发明专利、实用新型专利和外观设计专利 3 种类型。学者们普遍认为，发明专利的创新性大于实用新型专利，而实用新型专利的创新性大于外观设计专利。因此，本书为专利类型赋予 5、3、1 的数值以描述该专利的创新水平高低。专利类型的打分标准如表 3-4 所示。

专利类型打分标准　　表 3-4

专利类型（LF）得分	专利类型
5	发明专利
3	实用新型
1	外观设计

3.1.3　论文数据的打分方法

评价一篇论文水平的高低，并对其打分，可以从多个方面进行考虑。国内外学者提出了很多论文的评价指标，如论文被引频次、期刊影响因子、h 指数、g 指数等，还有一些多指标综合评价方法。

其中，论文被引频次是指一篇论文被其他论文所引用的次数，是论文评价中使用最为广泛的评价指标。论文的被引频次高，说明该论文的社会认可度高，体现了论文的价值水平。期刊影响因子是评价期刊影响力的一项指标，一篇论文所发表期刊的影响因子高，说明该论文的研究难度大，体现了论文的研究水平。因此，本书从论文被引频次和期刊影响因子这 2 个方面对论文进行评价和打分。

1. 论文被引频次的打分标准

根据上述分析，论文被引频次的得分与被引频次的高低呈现正相关关系。与专利被引次数类似，为了计算一篇论文的总体得分，本书为论文被引频次赋予 5、4、3、2、1 的数值以描述该论文的价值水平。

首先，在中国知网中以“装配式建筑”为主题进行论文检索，共检索出 3736 条结果。检索结果中包括期刊、会议、报纸、博士论文、硕士论文等 5 种资源类型，仅选取其中的期刊论文，筛选出 2710 条结果。然后，将筛选结果按照被引频次降序排列，检索结果如图 3-2 所示。

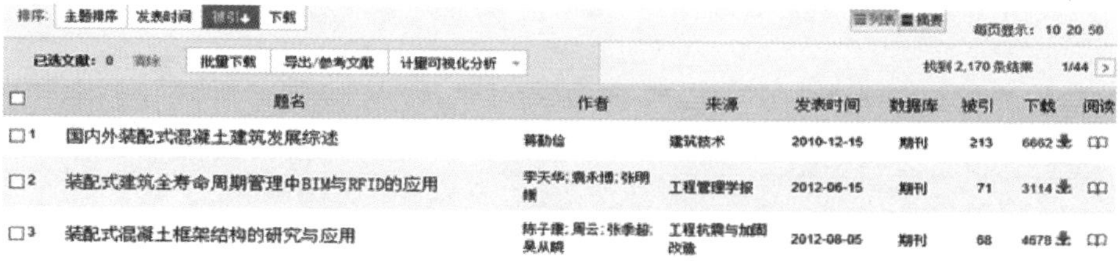

排序：主题排序 发表时间 被引 下载 　　列表 摘要 　　每页显示：10 20 50

已选文献：0 清除 　批量下载 　导出/参考文献 　计量可视化分析 　　找到 2,170 条结果 　1/44

	题名	作者	来源	发表时间	数据库	被引	下载	阅读
1	国内外装配式混凝土建筑发展综述	蒋勤俭	建筑技术	2010-12-15	期刊	213	6662	
2	装配式建筑全寿命周期管理中BIM与RFID的应用	李天华;袁永博;张明媛	工程管理学报	2012-06-15	期刊	71	3114	
3	装配式混凝土框架结构的研究与应用	陈子康;周云;张季超;吴从晓	工程抗震与加固改造	2012-08-05	期刊	68	4678	

图 3-2　中国知网装配式建筑相关论文检索结果

对检索结果进一步分析，发现只有 453 篇期刊论文被其他论文所引用。从这 453 篇论文中按照顺序找出论文被引频次的 3 个四分位数，从小到大依次为 1、2、6。根据获取的 3 个四分位数，得出论文被引频次的打分标准如表 3-5 所示。

论文被引频次打分标准　　　　**表 3-5**

论文被引频次得分	被引频次（CF）范围	含义
5	6＜CF	论文被引频次大于 6
4	2＜CF≤6	论文被引频次大于 2，且小于等于 6
3	1＜CF≤2	论文被引频次大于 1，且小于等于 2
2	0＜CF≤1	论文被引频次大于 0，且小于等于 1
1	CF＝0	论文被引频次等于 0

2. 期刊影响因子的打分标准

根据上述分析，期刊影响因子的得分与期刊影响因子的大小之间也呈现正相关关系。为了便于计算，本书为期刊影响因子赋予 5、4、3、2、1 的分值以描述论文的研究水平。

首先，在中国知网中以“装配式建筑”为主题进行检索，共检索出 3736 条结果。按照学科对其进行分类，其中 3272 条属于“建筑科学与工程”，比例高达 87.58％。这说明与装配式建筑相关的论文大多发表在“建筑科学与工程”类期刊中。在中国知网中“建筑科学与工程”类期刊共有 224 本，按照复合影响因子对其进行降序排列，如图 3-3 所示。

进一步查询发现，“建筑科学与工程”类期刊中，只有 132 本期刊具有影响因子。按照顺序找出期刊影响因子的 3 个四分位数，从小到大依次是 0.140、0.253、0.636。根据获取的 3 个四分位数，得出期刊影响因子的打分标准如表 3-6 所示。

期刊名称	主办单位	复合影响因子	综合影响因子	被引次数
· 城市规划学刊	同济大学(建筑城规学院)	3.523	2.040	78762
· 岩石力学与工程学报 独家	中国岩石力学与工程学会	2.867	1.908	322442
· 城市规划	中国城市规划学会	2.459	1.442	133436
· 岩土工程学报 独家	中国水利学会;中国土木工程学会;中国力学学会;中国建筑学会;中国水利发电工程学会;中国振动工程学会	2.060	1.357	209416

图 3-3　建筑科学与工程类期刊检索结果

期刊影响因子打分标准　　**表 3-6**

期刊影响因子得分	影响因子（IF）范围	含义
5	0.636<IF	期刊影响因子大于 0.636
4	0.253<IF≤0.636	期刊影响因子大于 0.253，且小于等于 0.636
3	0.140<IF≤0.253	期刊影响因子大于 0.140，且小于等于 0.253
2	0<IF≤0.140	期刊影响因子大于 0，且小于等于 0.140
1	IF=0	无期刊影响因子

3.1.4　创新技术的量化处理

仍然以工业化建筑结构设计技术为例，假设 A 企业拥有 z 项与结构设计技术相关的专利，l 篇与结构设计技术相关的论文，对 A 企业的结构设计技术进行量化处理的整个过程如图 3-4 所示。首先，按照打分标准对专利被引次数、专利类型、论文被引频次和论文期刊影响因子进行打分；然后，计算每一项专利和每一篇论文的得分；最后，将专利和论文的得分进行汇总得出结构设计技术的量化结果。

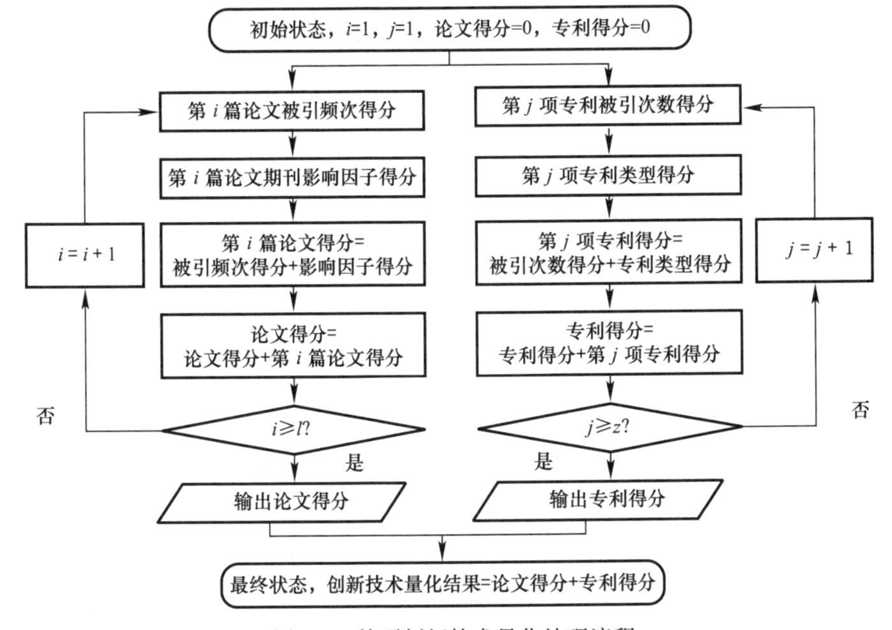

图 3-4　某项创新技术量化处理流程

3.2 区域层面工业化建筑发展水平评价方法

在建立评价指标体系、明确指数测算方法之后，需要获取相关数据才能对各个地区的工业化建筑发展水平进行评价。

3.2.1 数据获取方法

1. 发展环境指标数据

1）政策数量

本研究以中国知网政府公文库、北大法宝以及相关政府网站作为数据来源，检索各地区发布的工业化建筑相关的政策。采用关键词“装配式”或“建筑工业化”或“工业化建筑”或“住宅产业化”对政策全文进行检索，获取该地区所有工业化建筑相关的政策数据。

2）政策效力

政策效力为定性指标，无法直接获取，需要采取特定的方式进行量化处理。

3）学术会议数量

学术会议数量采取分地区网络搜索的方式进行查找，搜索关键词为“建筑工业化”“装配式建筑”“住宅产业化”和“建筑产业现代化”。

4）研究机构数量

研究机构数量采取分地区网络搜索的方式进行查找，搜索关键词为“建筑工业化”“装配式建筑”“住宅产业化”和“建筑产业现代化”。

2. 技术创新指标数据

1）专利申请量

本研究将 incoPat 网站（http://www.incopat.com）作为专利检索数据库查询专利数据。根据我国现阶段工业化建筑相关研究热点，确定专利检索方式为高级检索，检索式为：(AB=((预制 or 装配式 or 钢结构 or 木结构 or BIM or 整体卫浴 or 整体幕墙 or 整体厨房))) AND (AP-ADD=(省、市、自治区名称))，其中 AB 代表摘要，AP-ADD 代表申请人地址。检索界面如图 3-5 所示。

2）发明专利授权率

通过 incoPat 网站（http://www.incopat.com）获取某个地区的发明专利申请量以及发明专利授权量数据，利用这两组数据计算该地区的发明专利授权率。

图 3-5 incoPat 专利检索界面

3）论文数量

论文通过中国知网数据库获取。由于无法通过地区对论文进行检索，本研究以住宅产业化基地和装配式建筑产业基地的企业为基础，以“建筑工业化”“工业化建筑”“装配式建筑”“住宅产业化”“住宅产业现代化”和“装配式”为关键词，检索各个地区的论文。

4）论文层次

论文层次为定性指标，无法直接获取数据，需要采取特定的方式进行量化处理。

3. 应用规模指标数据

1）国家住宅产业化基地

国家住宅产业化基地的详细数据通过住房城乡建设部科技与产业化发展中心官方（http://www.cstcmoc.org.cn/plus/view.php? aid=3436）进行查询，总计 59 个。

2）装配式建筑产业基地

2017 年 3 月 23 日，住房城乡建设部颁布了《装配式建筑产业基地管理办法》，并于 2017 年 11 月 9 日公布了第一批装配式建筑产业基地（http://www.mohurd.gov.cn/wjfb/201711/t20171115_233987.html），总计 195 个。

3）国家住宅产业化示范城市

截至 2017 年 12 月 31 日，共有 11 个城市被评选为国家住宅产业化综合试点城市，分别为深圳、沈阳、济南、绍兴、北京、合肥、厦门、乌海、上海、长沙和广安。

4）装配式建筑示范城市

截至目前共有 30 个城市被住房城乡建设部认定为装配式建筑示范城市。

5）装配式建筑科技示范项目数量

2016 年 7 月 5 日，住房城乡建设部编制了《住房城乡建设部 2016 年科学技术项目计划——装配式建筑科技示范项目》，其中涉及 119 项装配式建筑科技示范项目，包括装配式混凝土结构 41 项、钢结构 19 项、木结构 4 项、部品部件生产类 54 项和装配式建筑设备类 1 项。

6）装配式建筑科技示范项目建筑面积

在《住房城乡建设部 2016 年科学技术项目计划——装配式建筑科技示范项目》中，科技示范建设项目的信息中包含了项目的建筑面积。

7）装配式建筑科技示范项目投资额

在《住房城乡建设部 2016 年科学技术项目计划——装配式建筑科技示范项目》中，科技示范建设项目的信息中包含了项目的投资额。

3.2.2 定性指标量化方法

1. 政策效力的量化方法

各地区工业化建筑相关政策效力采用打分方式获得，将政策效力从政策力度、政策措施和政策目标 3 个维度来进行量化。

1）政策力度

根据政策类型和政策发布机构的级别，为各政策力度分别赋值 5、4、3、2、1，行政级别越高的机构发布的政策在政策力度上的得分越高，具体的量化标准如表 3-7 所示。

政策力度量化标准 **表 3-7**

得分	评分标准
5	省（直辖市、自治区）人大及其常务委员会发布的地方法规或审议通过的议案，省（直辖市、自治区）委、省（直辖市、自治区）政府联合或单独发布文件
4	省（直辖市、自治区）政府办公厅发文，三个及以上厅局联合发布文件
3	各厅局发布的条例、规定、决定、意见、办法、标准
2	各厅局下属管理部门发布的方案、指南、暂行规定、细则、条件
1	通知、公告、评定办法、试行办法

2）政策目标

目标明确、易于考核并且设置了奖惩机制的政策得分最高，设置了目标但目标难以考核的政策得分次之，仅提及设置目标但未具体呈现在政策文本中的政策得分最低。此外，考虑到实际情况的复杂性，在度量标准的设置中，2、4 标度的评价标准由打分人员酌情确定，具体的量化标准如表 3-8 所示。

政策目标量化标准　　表 3-8

得分	评分标准
5	制定了工业化建筑发展目标，明确规定了时间节点和目标成果，且目标设定高于国家要求
3	制定了工业化建筑发展目标，目标设置与国家要求一致
1	未制定目标，或目标低于国家要求

3）政策措施

将政策措施划分为引导措施、优化产业、拉动需求和政策扶持 4 个子维度，对每一个维度分别打分，具体的量化标准如表 3-9 所示。

政策措施量化标准　　表 3-9

	得分	评分标准
引导措施	5	大力发展工业化建筑，全面提高建筑技术水平和工程质量。制定了实施示范工程或试点工程的办法；制定了详细的引导体系；制定了其他大力推广工业化建筑的引导措施等
	3	明确提出要积极推进工业化建筑发展水平，进一步明确了阶段性工作目标，落实重点任务，强化保障措施
	1	仅提及工业化建筑相关内容，暂无具体举措
优化产业	5	强制要求全面使用信息技术、成熟的工业化建筑结构体系、研发和使用新型建筑材料、执行设计标准
	3	鼓励使用信息技术、成熟的工业化建筑结构体系、研发和使用新型建筑材料、执行设计标准
	1	仅提及发展相关技术、研发材料、编制相关标准，无具体举措
拉动需求	5	强制要求某类建筑必须使用建筑工业化建造手段
	3	鼓励某类建筑使用工业化建造手段
	1	仅提及相关内容
政策扶持	5	制定明确的规划审批、土地供应、基础设施配套、财政金融等扶持细则，鼓励相关企业发展工业化建筑产业
	3	未制定明确扶持政策实施细则，但指出工业化建筑相关企业优先享受某些扶持政策
	1	仅提及相关内容

根据上述方法对收集到的政策进行量化之后，可以利用下式计算某个地区的政策效力。

$$P_i = \frac{\sum_{j=1}^{n}(pe_j + pg_j + pm_j)}{n}$$

式中　P_i——i 地区的政策效力；

pe_j——i 地区的政策力度得分；

pg_j——i 地区的政策目标得分；

pm_j——i 地区的政策措施得分；

n——i 地区的政策总数。

2. 论文层次量化方法

对论文层次进行量化的依据是所发表期刊的检索级别。期刊的评定分数参考《哈尔滨工业大学学业奖学金评定细则》《清华大学国家奖学金计分细则》《东北林业大学学业奖学金综合素质评分工作办法》等多所学校的评分细则制定，如表 3-10 所示。

期刊类型量化标准　　表 3-10

期刊类型	分数	说明
SCI/SSCI 检索期刊	30	已出版
EI 检索期刊	20	已出版
CSCD、CSSCI 索引期刊	15	已出版
北大核心索引期刊/会议期刊被 EI 检索	10	已出版
普通期刊/报纸/会议期刊	5	已出版

将某地区与工业化建筑相关的所有论文的期刊得分汇总，即为论文层次的最终量化得分。

3.3 工业化建筑发展水平评价流程

工业化建筑发展水平评价的整体流程如图 3-6 所示。

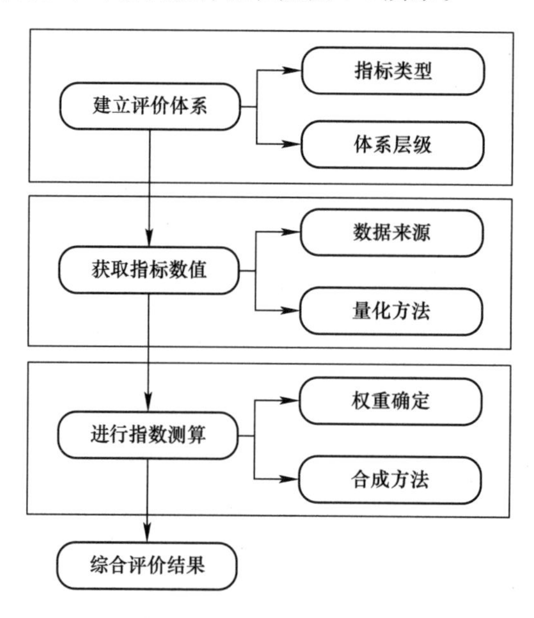

图 3-6　工业化建筑发展水平评价流程

第4章

工业化建筑发展水平评价标准

4.1 成熟度模型设计

4.1.1 成熟度的定义与内涵

《现代汉语词典》中，将成熟定义为生物体发育到完备的阶段，或指人及事物等发展的完善程度；在《剑桥国际英语词典》中，成熟意味着身体上的完全生长的状态；在《牛津英文词典》中，成熟为完整、完美或准备好的状态。Fraser等（2003）指出，为了达到“成熟”的状态，需要从最初阶段到目标阶段不断地演变。成熟度指一个组织的综合能力由低级向高级不断发展的过程，表征它可以重复达到某一标准的能力。而成熟度模型，吴晓方（2016）指出其是用来衡量某一方面成熟度的标准，是描述如何提高或获得某些期待物的过程框架。Lahrmann和Marx（2012）指出成熟度模型是用来指导进程的变化过程。一般来说，一个成熟度模型会包括若干成熟度梯级和若干结构维度。每个梯级都有清晰的指标以及对每一梯级特征的详细描述。

当前关于工业化建筑成熟度模型的研究还较少，针对工业化建筑成熟度模型并没有较为清晰的定义。根据成熟度以及成熟度模型的定义，本书将工业化建筑成熟度定义为。针对工业化建筑在设计、构件生产、构件存储与运输、施工安装各阶段及全过程管理与效益等过程发展阶段的描述，确定其等级，并找出当前工业化建筑改进的方面。本书将工业化建筑成熟度模型定义为：工业化建筑成熟度是一种标准，即衡量整个行业工业化建筑发展水平的标准，是基于完整的关键域以及关键实践来衡量工业化建筑发展水平的标准。由本书的定义可得到工业化建筑成熟度模型的核心是通过评价工业化建筑发展过程，分析工业化建筑成熟度所在的梯级，并以此为基础在未来的发展过程中为实现目标不断改进。

4.1.2 成熟度模型的内容

最早的成熟度模型是由Software Engineering Institute（SEI）提出的能力成

熟度模型（Capability Maturity Model for Software，CMM）。迄今为止，已经有三十多种成熟度模型，几乎所有的成熟度模型都是包括成熟度等级和内部结构两个方面的内容。表 4-1 列举了 5 种最为经典的成熟度模型。

由于本书的研究对象是工业化建筑，属于工程领域研究范畴，经查阅大量相关资料，通过对经典成熟度模型特点的分析，发现 CMM、OPM3 更适用于工程领域的成熟度问题研究。而 CMM 区别于 OPM3 的特点在于 CMM 是二维模型并且是离散模型，这与本书要构建的工业化建筑成熟度模型更为接近。基于以上考虑，下文将详细分析 CMM 的相关内容，并在之后的研究中，以 CMM 为基础构建了工业化建筑成熟度模型。

经典成熟度模型对比分析　　表 4-1

成熟度模型		CMM	P3M3	K-PMMM	OPM3	KMMM
提出者		SEI	OGC	Harold kerzner	PMI	IPMA
成熟度梯级	一	初始级	初始级	通用术语	标准化	知识无序阶段
	二	可重复级	可重复级	通用过程	可衡量	知识反映阶段
	三	已定义级	已定义级	单一方法	可控制	知识意识阶段
	四	已管理级	已管理级	基准比较	持续改进	知识确认阶段
	五	优化级	优化级	持续改进	无	知识共享阶段
主要内容		共计 18 个关键过程领域，52 个目标，300 多个关键实践	3 个独立子模型，综合 7 个过程视角的成熟度等级	分不同层次给出若干客观自我评估题，且风险分为低、中、高三个级别	是一个三维结构模型，第一个维度是成熟度的四个梯级	从人、过程、技术三个方面分析，在发展过程中不可以忽略其中任何一个层次

1. CMM 的梯级

CMM 是组织管理能力从低级向高级不断提升的可持续的过程，软件开发或者项目管理能力从低到高要经历许多中间过程。CMM 将这一系列过程分为 5 个梯级，依次是初始级、可重复级、已定义级、已管理级和优化级。

（1）初始级：这一梯级的关键是没有相应的制度。过程能力不可预测，开发过程处于无序的状态且没有相应的规则可以参考。整个项目的进度、质量、预算都只能依赖于个人能力，并随着个人知识水平、技能水平的变化而变化，团队的发展受个人影响较大。

（2）可重复级：这一梯级的关键是已经建立了相应的制度。对于类似的项目，在这一梯级可以进行借鉴。开发过程中已经实现了实用性、文档化、已实施性、能够有效改进和具有重复性。

（3）已定义级：这一梯级的关键是项目管理过程已经实现标准化。整个组织的软件开发和维护过程都已实现文档化，并且建立了自定义的软件过程。在管理与工程的过程中都实现了过程的稳定性与标准化。

（4）已管理级：这个梯级在某些 CMM 版本中被称为已定量级。这一阶段的关键是量化管理。项目将过程实施的变化限制在定量的可接受范围内，已经具备妥善定义的一致的度量。

（5）优化级：这个过程的关键是不断改进。这一阶段主要进行优化管理，通过采用新理念、新技术、新方法防止过程缺陷发生。

2. CMM 的内部结构

CMM 的每一个梯级内部都有多个内部结构，其中最为核心的两部分是关键域（Key Process Area，KPA）与关键实践（Key Practices，KP）。KPA 在改进组织过程能力上是最有效的，是描述要达到某一梯级需要满足的目标，当这一系列目标实现时，组织就迈入了下一个梯级。KP 是描述要达到某一梯级需要采取的关键行动。KPA 与 KP 之间进行联系的名为共同特征，共同特征一般包含执行的约定、执行的能力、执行的活动、测量和分析、验证实施。图 4-1 与表 4-2 分别描述了 CMM 的关键域与内部结构。

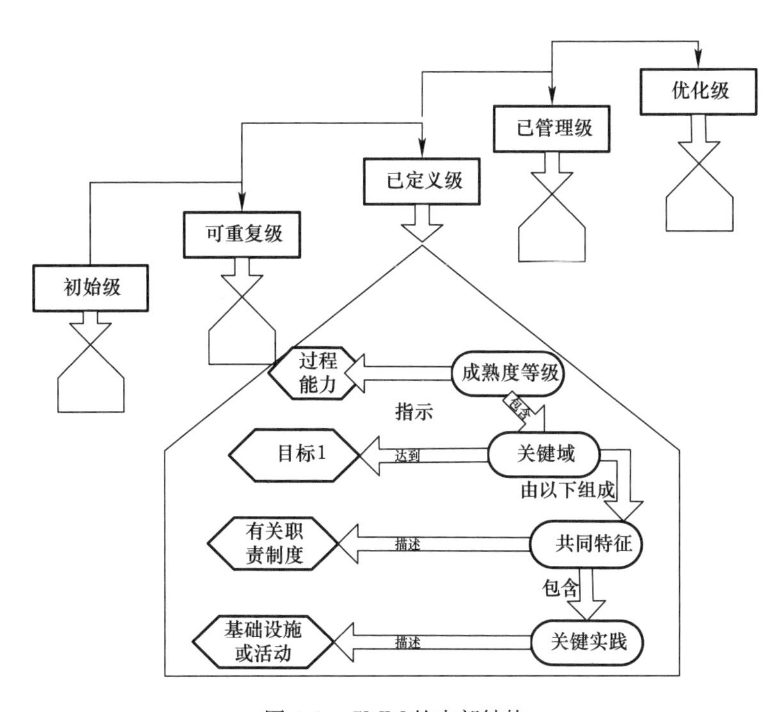

图 4-1　CMM 的内部结构

能力成熟度（CMM）各梯级的关键域　　表 4-2

梯级分类	管理方面	组织方面	工程方面
初始级			
可重复级	需求管理 软件项目计划 软件质量保证 软件配置管理 软件项目跟踪与监控 软件转包合同管理		
已定义级	软件集成管理 组间协调	组织过程焦点 组织过程定义 培训程序	软件产品过程 统计评审
已管理级	定量过程		软件质量管理
优化级		技术改革管理 过程变更管理	缺陷防范

资料来源：杨一平（2002）

4.1.3　工业化建筑成熟度模型设计思路

为了使工业化建筑成熟度模型能够更好地反映工业化建筑行业的发展状况，模型从 4 个方面进行设计。

（1）查阅相关资料：通过查阅大量关于成熟度模型的资料，尤其是关于成熟度模型的内部结构以及适应特点等相关文献，为工业化建筑成熟度模型的构建奠定基础。

（2）构建工业化建筑成熟度模型的梯级：构建成熟度模型梯级时应确定梯级的划分依据及来源，并明确每一个梯级的特点。

（3）确定工业化建筑成熟度模型的内部结构：内部结构包括关键域与关键实践，构建关键域以及每个梯级关键域的特点，并确定达到每个关键域所需要的关键实践。

（4）构建工业化建筑成熟度评价指标体系：依据构建的工业化建筑成熟度模型的关键域与关键实践，得到相关的评价指标，构建工业化建筑成熟度评价指标体系，对工业化建筑成熟度进行评价。

4.2　工业化建筑成熟度模型梯级构建

4.2.1　工业化建筑成熟度模型的梯级划分

本书结合工业化建筑的特点以及现有的成熟度的梯级标准，确定工业化建筑

成熟度模型的梯级。

由于工业化建筑属于工业社会的产物，本书首先结合了工业化发展阶段的划分依据，包括罗斯托划分法、库兹涅兹划分法、钱纳里划分法、联合国划分法和世界银行划分法（姜爱林，2002）；结合工业化建筑发展阶段的划分时，借鉴的是纪颖波（2011）的工业化建筑阶段划分方法；在结合成熟度梯级划分时，借鉴了CMM模型。

如图4-2所示，本研究将工业化建筑成熟度模型划分为5个梯级，分别为初始级、潜力级、起飞级、管理级以及优化级，从低到高呈现出螺旋式的发展趋势。

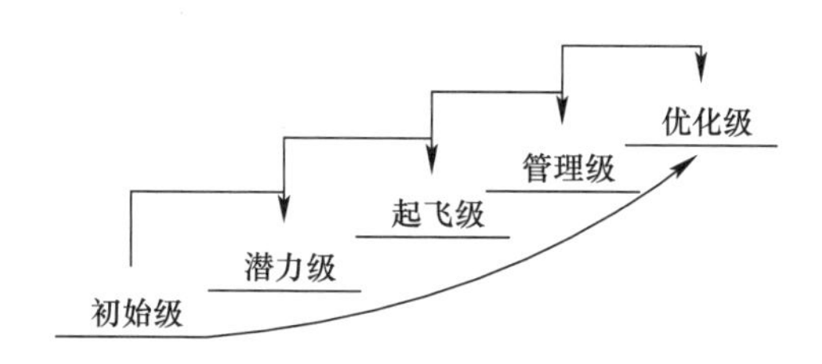

图4-2　工业化建筑成熟度模型的梯级

4.2.2　工业化建筑成熟度模型的梯级特征

工业化建筑的提升是一个不断持续的发展过程，工业化建筑成熟度模型包括从低到高5个梯级，以有效衡量工业化建筑的发展水平。

（1）初始级：工业化建筑行业的发展由个别企业倡导，并开展初始研究与进行试点工程应用。行业以及政府主管部门还没有工业化建筑的完整认知和发展理念，对采取工业化建筑带来的房屋建造模式改变、工程质量提高、环境污染降低及可持续性的优势几乎没有认识，工业化建筑的发展过程缺乏相关规章制度的约束和指导。改进方向是首先建立相应的制度化管理体制，如倡导开展工业化建筑研发工作，地方主管部门出台鼓励政策，选择试点企业与试点城市开展试点应用，制定工业化建筑的企业与地方标准等。

（2）潜力级：工业化建筑行业的发展开始逐步走向规范化，形成了相关的规章制度，指导工业化建筑的发展。由于施工现场劳动力短缺，现浇施工方式对环境污染大，传统模式缺陷凸显，政府主管部门与行业已逐渐开始认识到工业化建筑的重要性，工业化建筑的发展也开始走向正途。政府主管部门出台鼓励工业化建筑发展的政策，企业、高校和科研院所开始展开对工业化建筑的研究与探索，开始制定相应的标准，相关试点工程的成功经验开始应用到其他类似的项目中。但是在这一梯级，工业化建筑的发展并非连续而且管理方式和活动也并不标准，因此这一梯级应该建立专门的工业化建筑管理部门、建立完善的工业化建筑发展流程的标准。

（3）起飞级：工业化建筑逐渐实现标准化发展，并建立起了相对完善的工业化建筑标准体系。潜力级时工业化建筑在各项目上是点分布的，而到了起飞级则是把点连接为线。工业化建筑在与其相关的各个企业有了较为连续的发展，并且开始建立工业化建筑相关的部门或科研机构，对工业化建筑的特点、过程以及评价标准、公共认知程度、科研深入等都形成了清晰的认识。这一梯级形成了完善且量化的工业化建筑评价标准，能够对当地的工业化建筑发展状况进行准确的预测和评价。在这一梯级，公众对于工业化建筑的认知逐步加强，认知度逐步提升。工业化建筑开始定量分析，实现标准化发展。

（4）管理级：在此梯级，工业化建筑的发展已经日趋完善，设计单位、施工企业、材料供应方、预制构件厂都能够按标准要求实现科学与定量化管理。工业化建筑的应用比例也日趋增大，整个社会已经认识到了工业化建筑的优势并开始进行宣传，让更多的人知晓工业化建筑的优势和特点。判断某地区能否进入工业化建筑管理级主要是该地区工业化建筑各参与方是否能进行科学化以及定量化的管理，政府主管部门是否制定了定量指标指导工业化建筑发展。

（5）优化级：在此梯级，重要的工作是对工业化建筑进行缺陷管理，对技术、方法、工具、理念等进行改进和更新。在这一梯级，工业化建筑的各参与方都认识到了工业化建筑在整个社会发展中的重要性。高校、科研院所通过不断进行理论研究和技术创新参与其中，政府机构通过政策创新与制度制定完善发展，企业不断完善方法和工具改变工业化建筑的成本和规模，工业化建筑的政策、制度体系、工业化建筑市场和公众认知度都在不断完善，工业化建筑不断优化与改进。

4.3 工业化建筑成熟度模型内部结构

本书构建的工业化建筑成熟度模型每一个梯级都包含了关键域（KPA）以及关键实践（KP）2 个部分。从第二梯级开始的工业化建筑成熟度模型每一个梯级都由若干 KPA 组成，而每一个 KPA 都由若干个 KP 组成。

4.3.1 工业化建筑成熟度模型的关键域

除了初始级，每一梯级都包含了若干个 KPA。如果工业化建筑要达到某一梯级，则必须要满足工业化建筑成熟度模型该梯级下的所有关键域。工业化建筑成熟度模型各梯级的关键域的描述如下。

在初始级，工业化建筑的发展缺乏相关规章制度的约束和指导，相应的管理体制尚未建立，工业化建筑发展缓慢无序。

在潜力级，相关试点工程的成功经验应用到其他项目中，相关技术开始更新和发展，工业化建筑的发展慢慢步入正轨。这一梯级的关键域包括：工业化建筑发展规划、工业化建筑质量保证、工业化建筑合同管理、工业化建筑发展规则化。在此梯级，政府、高校、企业与科研院所开始逐步建立完善的工业化建筑相关标准。

在起飞级，工业化建筑的发展开始从点成线，各参与方都对工业化建筑的发展有了更清晰和完整的认知，工业化建筑开始走向标准化发展。这一梯级的关键域包括：工业化建筑的各方协调、工业化建筑发展的过程定义、工业化建筑培训程序、工业化建筑的组织机构、工业化建筑的评价体系。

在管理级，工业化建筑的发展已经趋于成熟。工业化建筑的各参与方已经实现了科学和定量化管理。管理级的关键域包括：工业化建筑的定量过程管理、工业化建筑信息化管理、工业化建筑质量管理、工业化建筑的预测与评估。

在优化级，工业化建筑在此梯级的目标是持续优化，防范缺陷的发生。此梯级的关键域包括：工业化建筑的过程变更管理、工业化建筑技术变革管理。通过创新和完善新理论、新技术、新方法促进工业化建筑的不断发展。

五个成熟度梯级关键域的内容如表 4-3 所示。

工业化建筑成熟度模型各个梯级的关键域　　表 4-3

梯级	关键域
初始级	无
潜力级	工业化建筑发展规划； 工业化建筑质量保证； 工业化建筑合同管理； 工业化建筑发展规则化
起飞级	工业化建筑的各方协调； 工业化建筑发展的过程定义； 工业化建筑培训程序； 工业化建筑的组织机构； 工业化建筑的评价体系
管理级	工业化建筑的定量过程管理； 工业化建筑信息化管理； 工业化建筑质量管理； 工业化建筑的预测与评估
优化级	工业化建筑的过程变更管理； 工业化建筑技术变革管理

4.3.2 工业化建筑成熟度模型的关键实践

如表4-4所示，在分析工业化建筑成熟度模型的关键实践时，本研究借鉴了能力成熟度模型的设计思路。关键实践是指对关键域至关重要的基础设施或活动，用来描述关键域。关键实践主要强调实现这一梯级需要“做什么”。每一个梯级的关键实践是达到该梯级关键域的决定性因素，而关键域是达到该梯级的关键性要求，由此可以知道关键实践的满足是达到该梯级必不可少的条件。关键域与关键实践之间的联系为共同特征，共同特征有五种，包括执行约定（各参与方的书面承诺和分析）、执行能力（工业化建筑发展过程中资金、时间、设备的投入分析）、执行活动（工业化建筑本身的活动）、测量与分析（工业化建筑的记录与分析）、验证与实施（工业化建筑的实施是否满足要求）。

工业化建筑成熟度模型各梯级的关键实践　　表4-4

梯级	关键域	关键实践
初始级	无	无
潜力级	工业化建筑发展规划	政府、企业领导重视；根据现状制定的工业化建筑发展规划
	工业化建筑质量保证	质量监管与检测机制
	工业化建筑合同管理	合同的完善程度；合同的合理程度
	工业化建筑发展规则化	工业化建筑的项目经验
起飞级	工业化建筑的各方协调	工业化建筑的各方协调沟通机制
	工业化建筑发展的过程定义	工业化建筑发展流程
	工业化建筑培训机制	培训制度、培训费用、培训计划
	工业化建筑的组织机构	工业化建筑项目的组织机构、政府、企业内部的组织机构
	工业化建筑的评价体系	工业化建筑较为完善的评价标准体系
管理级	工业化建筑的定量过程管理	量化工业化建筑发展目标以及过程
	工业化建筑信息化管理	BIM技术的应用情况
	工业化建筑质量管理	全生命周期质量管理能力和水平
	工业化建筑的预测与评估	工业化建筑项目的风险评估；工业化建筑的未来发展情况
优化级	工业化建筑的过程变更管理	防范缺陷
	工业化建筑技术变革管理	采用新方法，新技术、新工具

4.4 工业化建筑成熟度评价指标选取

工业化建筑成熟度评价指标根据前文构建的关键域与关键实践确定。由于关键域与关键实践都较为抽象、主观，且不易理解与判断，本节以关键域和关键实践为基础重新构建了指标体系，并非完全对应。

为了保证成熟度评价指标体系的准确性，本书首先构建了成熟度初始指标体系，进而采用因子分析法降维，构建优化的工业化建筑成熟度评价指标体系。

4.4.1 工业化建筑成熟度的初始评价指标选取

在构建基于行业的工业化建筑成熟度初始评价指标体系时，由于既涉及工业化建筑又涉及成熟度，本书查阅了三个方面的相关资料。

首先，参考了工业化建筑、装配式建筑、住宅产业化评价指标体系相关的文献，表4-5列举了其中的代表性文献。通过研究发现在一级指标体系的构建过程中一般有两种思路，第一种思路是以工业化建筑评价的不同主体作为指标构建依据，如纪颖波和付景轩（2013）从住宅建造过程与综合评价两方面评价新型住宅；孔庆周（2013）从住宅部品化、性能状况、智能化与节能状况评价住宅水平；付超（2015）以质量、经济、社会三个一级指标评价住宅产业化综合效益；杨爽（2016）将装配式建筑施工安全评价分为人员素质、工艺设备、安全管理、环境评价四个一级指标；曾珊珊等（2017）将工业化建筑评价指标分为质量指标、经济成本、效率指标等。第二种思路是以时间阶段作为指标构建依据，如魏子惠和苏义坤（2016）提出对工业化建筑进行评价时可以从前期策划与设计阶段、建造阶段与管理与效益三个阶段进行评价；魏明海（2017）针对装配式建筑绿色度评价提出将设计阶段、生产阶段、施工阶段和使用与维护阶段作为一级指标。这两种构建指标评价体系的方法分别采用了横向和纵向的视角，都满足了全面客观地评价工业化建筑的要求。由于按照时间划分评价指标体系可能出现共线性，且在行业评价中其复杂性较高，因此本书以不同项目参与主体划分。

工业化建筑成熟度评价指标体系参考研究成果汇总（一）　　表4-5

方式	评价对象	作者	一级评价指标
综合评价	工业化建筑建造过程评价	魏子惠和苏义坤（2016）	前期策划与设计阶段、建造阶段、管理与效益阶段
	工业化建筑评价	纪颖波和付景轩（2013）	工业化建筑建造过程、综合评价
	工业化建筑评价	曾珊珊等（2017）	质量、经济成本、效率、人工成本、工业化等
	装配式混凝土建筑评价	邱琴（2016）	设计阶段、建造阶段、管理与效益阶段
	保障房工业化建设水平评价	袁鹏飞（2015）	设计标准化技术、构件部品生产工厂化技术、施工机械化水平、管理信息化水平、绿色环保化水平
	保障房建筑工业化水平评价	张志超（2016）	建筑设计标准化、构配件部品生产工厂化、施工建造装配化、生产经营管理信息化、绿色节能化

续表

方式	评价对象	作者	一级评价指标
综合评价	住宅产品水平评价	孔庆周（2013）	住宅部品化、住宅性能状况、住宅智能化与节能状况
	住宅产业化综合状况评价	郝胜梅（2004）	产业地位、住宅产业化现代技术、住宅市场状况
	住宅产业化综合效益评价	付超（2015）	经济效益、环境效益、社会效益
	产业化住宅功能评价	翟琳琳（2014）	适用性、安全性、耐久性、环境性能、工业化程度、可持续性能
	住宅产业化水平评价	江红等（2000）	产品水平、生产方式水平、经营方式水平
单项评价	装配式建筑安全绩效评价	李英攀等（2017）	人、机、料、法、环（4M1E）
	装配式建筑施工安全评价	杨爽（2016）	人员素质、工艺设备、安全管理、环境评价
	装配式建筑施工安全评价	陈伟等（2019）	人员、物、管理、技术、环境
	装配式建筑绿色度评价	朱百峰（2016）	环境平衡度、经济绿色度、机制运行度、效益协调度
	装配式建筑绿色度评价	魏明海（2017）	设计阶段、生产阶段、施工阶段、使用与维护阶段
	装配式建筑质量评价	马健翔（2017）	施工前、施工中、施工后
	装配式建筑成本评价	李长福（2015）	国家政策与法规、环境、技术与设备、社会认可度
	工业化建筑成本综合评价	常一鹤（2016）	PC 构件厂、施工现场因素、其他外部因素

其次，本书参考了应用较为广泛的成熟度评价指标。通过对成熟度评价指标体系进行研究，发现要科学衡量成熟度离不开行业人员、行业过程、行业技术、行业政策、行业环境。如 Fischer 等（2004）从战略、控制、人员、技术、过程四个层面构建组织成熟度模型；SEI 的 CMM 从管理、组织、工程构建软件开发成熟度模型（Paulk 等，1993）；PMI 的 OPM3 从战略、人员、过程、技术构建项目管理成熟度；OGC 的 P3M3 从管理控制、收益管理、财务管理、利益相关方参与、风险管理、资源管理构建项目管理成熟度，如表 4-6 所示。

工业化建筑成熟度评价指标体系参考研究成果汇总（二）　　表 4-6

成熟度类型	作者或机构	一级评价指标
组织成熟度	Fischer（2004）	战略、控制、人员、技术、过程
CMM	SEI	过程、环境、制度等

续表

成熟度类型	作者或机构	一级评价指标
OPM3	PMI	战略、人员、过程、技术
知识管理成熟度	毕马威	人、过程、技术、内容
P3M3（项目管理成熟度模型）	OGC	管理控制、收益管理、财务管理、利益相关方参与、风险管理、资源管理
技术成熟度	NASA	技术水平、工艺流程、配套资源、技术生命周期
低碳经济能力成熟度	关芬娜（2013）	低碳政策、低碳产业、低碳效率、低碳技术
项目管理成熟度	秦占巧（2009）	管理人员、过程、管理制度、方法等
BIM应用成熟度	崔晓（2012）	全过程、全组织、全要素
预制混凝土构件行业成熟度	朱发通（2016）	行业技术层面、行业主体层面、行业制度层面、行业环境层面
杭州市住宅产业化成熟度	张伟（2015）	政府、住宅产业化集团、消费者或业主

最后，本书参考了我国工业化建筑评价相关标准。2015年10月21日住房城乡建设部发布了《工业化建筑评价标准》，这部标准对单体工业化建筑进行了等级划分，从设计阶段、建造阶段、管理与效益指标三个方面对工业化建筑进行评价，并将工业化建筑的评价结果划分为A级、AA级与AAA级。2018年2月1日开始实行的《装配式建筑评价标准》，将装配率作为等级划分的标准，装配率60%～75%为A级装配式建筑；装配率为76%～90%为AA级装配式建筑；装配率91%以上为AAA级装配式建筑。

本书除了依据以上三部分的现有研究，还多次咨询专家意见，形成了工业化建筑成熟度初始评价指标体系，包含4个一级指标和15个二级指标（表4-7）。

工业化建筑成熟度评价初始评价指标 **表4-7**

评价目标	一级指标	二级指标
工业化建筑成熟度	行业建造过程层面	施工装配化（N1）
		管理信息化（N2）
		部品生产工厂化（N3）
		设计标准化（N4）
	行业政策层面	工业化建筑行业规范（N5）
		政府对工业化建筑的重视（N6）
		工业化建筑的支持力度（N7）

续表

评价目标	一级指标	二级指标
工业化建筑成熟度	行业环境层面	社会工业化水平（N8） 工业化建筑研究程度（N9） 群众认可度（N10） 群众满意度（N11） 构配件生产商的水平（N12）
	行业效益层面	经济效益（N13） 社会效益（N14） 环境效益（N15）

4.4.2 工业化建筑成熟度评价指标优化

基于前文构建的工业化建筑成熟度初始指标评价体系，考虑到初始指标之间可能存在的相关性对评价结果的影响，本书采用因子分析法进行工业化建筑成熟度评价指标优化。

本书的 15 项指标均为正向指标，即指标数值越大，成熟度越高，因此不需要对指标进行无量纲化与标准化的处理。在数据分析方面，本研究利用 SPSS 20 进行数据分析，针对工业化建筑成熟度评价指标优化，向工业化建筑相关从业人员和从事相关研究的专家学者发放了 230 份调查问卷。为保证样本的广泛性并剔除无效问卷 32 份（无效问卷的判断根据回答的时间，从业的年限等）后，得到有效问卷 198 份。对数据进行 KMO 与 Bartlett′s 检验，以验证调查问卷的效度以及本次研究是否适合因子分析，结果如表 4-8 所示。

KMO 与 Bartlett′s 检验结果 **表 4-8**

KMO and Bartlett′s Test		
Kaiser-Meyer-Olkin Measure of Sampling Adequacy		0.891
Bartlett's Test of Sphericity	Approx. Chi-Square	1922.263
	df	105
	Sig.	0.000

由上表可知 KMO 值为 0.891，适宜做因子分析，且该调查问卷是有效的。Bartlett′s 的检测概率为 0.000，小于显著性水平 0.05，所以拒绝 Bartlett′s 的零假设，表明该样本数据适宜进行因子分析。

对调查问卷进行信度分析，遵循的原则是如果 Cronbach′s Alpha>0.7，则问卷设计的题目是可信的。表 4-9 是四个一级指标的信度分析结果。

一级指标 Cronbach's Alpha 系数　　表 4-9

一级指标	Cronbach's Alpha	N of Items
行业建造过程层面	0.923	4
行业政策层面	0.872	3
行业环境层面	0.817	5
行业效益层面	0.836	3

由上表可知，行业建造过程、行业政策、行业环境与行业效益的 Cronbach's Alpha 分别是 0.923、0.872、0.817 与 0.836，均大于 0.7，表明得到的问卷题目是具有可信度的。

本书利用 SPSS 进行因子分析。为了避免研究数值的丢失，结合已经构建的一级与二级指标。本书拟选择 4 个公因子，得到结果如表 4-10 所示。

特征值、贡献率与累计贡献率　　表 4-10

Component	Initial Eigenvalues			Rotation Sums of Squared Loadings		
	Total	% of Variance	Cumulative %	Total	% of Variance	Cumulative %
1	6.932	49.512	49.512	3.318	23.703	23.703
2	1.399	9.992	59.503	2.709	19.348	43.051
3	1.223	8.735	68.238	2.368	16.916	59.967
4	1.106	7.902	76.140	2.264	16.174	76.140
5	0.683	4.882	81.022			
6	0.494	3.531	84.553			
7	0.464	3.318	87.871			
8	0.352	2.512	90.383			
9	0.299	2.139	92.522			
10	0.263	1.879	94.401			
11	0.241	1.722	96.123			
12	0.209	1.490	97.613			
13	0.181	1.292	98.904			
14	0.153	1.096	100.000			

在保证信息不丢失的情况下，保留 4 个公因子可以实现保存 76.14%的信息，已经满足了最低 75%的要求，因此保留四个公因子可以满足信息的全面性。得到旋转后的因子载荷矩阵如表 4-11 所示。

旋转后的因子载荷矩阵　　表 4-11

index	Component			
	1	2	3	4
N1	**.834**	.281	.242	.106
N2	**.837**	.150	.199	.265

续表

index	Component			
	1	2	3	4
N3	**.856**	.195	.164	.145
N4	**.762**	.168	.374	.227
N5	.312	**.830**	.145	.100
N6	.152	**.848**	.211	.123
N7	.120	**.787**	.202	.326
N8	.361	.431	.255	.166
N9	.276	.184	**.761**	.066
N10	.158	.129	**.830**	.253
N11	.248	.206	**.777**	.137
N12	.222	.289	.535	.346
N13	.169	.212	.264	**.802**
N14	.287	.366	.129	**.735**
N15	.150	.059	.150	**.837**

Extraction Method: Principal Component Analysis.
Rotation Method: Varimax with Kaiser Normalization. a. Rotation converged in 5 iterations.

以载荷 0.7 为提取依据，公因子 1 由 N1、N2、N3、N4 这四项指标决定，N1 为施工装配化、N2 为管理信息化、N3 为部品生产工厂化、N4 为设计标准化。整体而言，都是反映工业化建筑行业建造过程的指标，因此公因子 1 为行业建造过程公因子。公因子 2 由 N5、N6、N7 这三项指标决定，N5 为工业化建筑行业规划、N6 为政府对工业化建筑的重视程度、N7 为工业化建筑的支持力度，整体而言，都是反映工业化建筑行业政策层面的指标，因此公因子 2 为行业政策公因子。公因子 3 由 N9、N10、N11 这三项指标决定，N9 为工业化建筑研究程度、N10 为群众认可度、N11 为群众满意度，整体而言，都是反映工业化建筑行业环境层面的指标，因此公因子 3 为行业环境公因子。公因子 4 由 N13、N14、N15 这三项指标决定，N13 为经济效益度、N14 为社会效益、N15 为环境效益，整体而言，都是反映工业化建筑行业效益层面的指标，因此公因子 4 为行业效益公因子。而 N8 与 N12 在 4 个公因子上的载荷程度不高，最高载荷程度分别为 0.43 和 0.53，因此对 15 个指标进行降维处理，降为 13 个指标。

通过因子分析，得到优化后的工业化建筑成熟度评价指标体系，如图 4-3 所示。

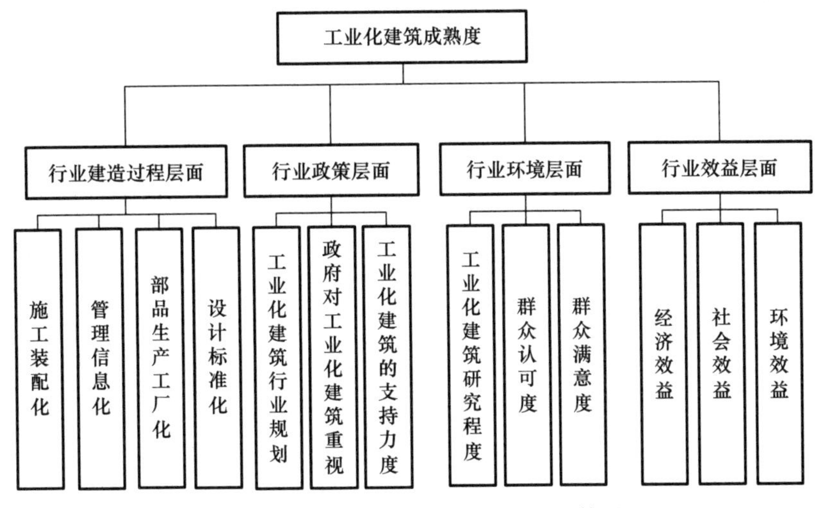

图 4-3　工业化建筑成熟度评价指标体系

4.5　工业化建筑成熟度模型评价等级标准

在构建了工业化建筑成熟度评价指标体系后，需要确定每一个二级指标的评价等级标准。

4.5.1　行业建造过程层面的评价等级标准

行业建造过程层面的施工装配化、管理信息化、部品生产工厂化与设计标准化四项二级指标在评价某一项目时可以作为定量指标，通过确定各指标的准确数值，确定指标所在等级，如通过判断装配率、预制率等。而在评价行业的工业化建筑成熟度水平时，虽然行业是由每一个项目组成的，但是行业的评价如果采用对该城市所有项目进行定量指标相加，是不现实的也是不科学的。在实际的评价中，极易出现漏项的情况，也难以判断每个项目所占的权重，就会导致评价结果不准确。基于这个考虑，本书将行业建造层面的四项指标设定为定性指标，通过专家打分对指标进行评价，评价等级标准如表 4-12 所示。

行业建造过程层面评价等级标准　　表 4-12

一级指标	二级指标	衡量内容	指标分值				
			[1,2)	[2,3)	[3,4)	[4,5)	[5,+∞)
行业建造过程层面A1	施工装配化 A11	施工现场采用机械化与信息化手段组合与安装的水平	很低	较低	一般	较高	很高
	管理信息化 A12	建筑企业采用现代化信息手段管理工业化建筑的能力	很低	较低	一般	较高	很高

续表

一级指标	二级指标	衡量内容	指标分值				
			[1,2)	[2,3)	[3,4)	[4,5)	[5,+∞)
行业建造过程层面A1	部品生产工厂化A13	工业化建筑采用预制部品构件的程度和水平	很低	较低	一般	较高	很高
	设计标准化 A14	工业化建筑能够采用通用的标准和模式进行设计的水平	很低	较低	一般	较高	很高

4.5.2 行业政策层面评价等级标准

行业政策层面指政府对工业化建筑的规划程度、重视程度与支持力度。本书采用定性指标进行评估，因为这三项指标本身较为主观，且考虑到了信息搜集的不完全性。通过查阅某些城市的工业化建筑行业规划相关的政府公文和近几年的工业化建筑相关支持政策，发现许多地方只能查到当年数据，其他年份的数据无法从公开途径获得，如果采用数量或频率等定量指标可能造成数据的不真实与不准确，因此本书采用定性指标进行行业政策层面的评价，评价等级标准如表 4-13 所示。

行业政策层面的评价等级标准　　表 4-13

一级指标	二级指标	衡量内容	指标分值				
			[1,2)	[2,3)	[3,4)	[4,5)	[5,+∞)
行业政策层面A2	工业化建筑行业规划 A21	工业化建筑行业规划的完善程度	很不完善	较不完善	一般	较为完善	很完善
	政府对工业化建筑的重视程度 A22	城市政府对工业化建筑行业的重视程度如何	很不重视	较不重视	一般	较为重视	很重视
	工业化建筑的支持力度 A23	各地出台的土地、建筑面积、财政、税收、金融以及建设环节等优惠政策的力度	很少	较少	一般	较多	很多

4.5.3 行业环境层面的评价等级标准

在工业化建筑成熟度评价指标体系中，工业化建筑相关研究的深度与广度、群众对工业化建筑的认可程度以及群众对工业化建筑的满意程度均是较为主观的指标，难以采用客观数据进行量化，所以本书采用定性数据分析，通过专家访谈或调查问卷的方式获取数据，进行行业环境层面的评价，评价等级标准如表 4-14 所示。

行业环境层面的评价等级标准　　表 4-14

一级指标	二级指标	衡量内容	指标分值				
			[1,2)	[2,3)	[3,4)	[4,5)	[5,+∞)
行业环境层面A3	工业建筑研究程度 A31	工业化建筑相关研究的深度与广度	研究很少	研究较少	一般	研究较多	研究很多
	群众认可度 A32	社会群众对于工业化建筑的认可程度	很不认可	较不认可	一般	较为认可	很认可
	群众满意度 A33	社会普通群众对于工业化建筑的满意程度	很不满意	较不满意	一般	较不满意	很满意

4.5.4　行业效益层面的评价等级标准

在行业效益层面，经济效益与环境效益既可以采用定性指标也可以采用定量指标进行评价。在某项目评价的过程中可以根据制定的节水方案，设定施工节约用水与传统相比达到 50%则判定进入到最高等级，工厂加工的钢筋不低于 80%，钢筋损耗率不大于 2%，混凝土的损耗率不大于 1.5%判断则进入到最高等级。然而本研究是针对整个行业进行评价，采用定性指标更为合理。其合理性体现在：首先，当前没有关于工业化建筑全生命周期经济效益的官方数据；其次，不同项目的环境效益有较大的差别，对所有项目环境效益的直接加和是不科学的。因此，本书将行业效益层面的三个二级指标设定为定性指标，评价等级标准，如表 4-15 所示。

行业效益层面评价等级标准表　　表 4-15

一级指标	二级指标	衡量内容	指标分值				
			[1,2)	[2,3)	[3,4)	[4,5)	[5,+∞)
行业效益层面A4	经济效益 A41	从建设单位角度出发，在全生命周期内的经济收益与传统模式建筑的比较情况	远低于	略低于	两者相似	略高于	远高于
	社会效益 A42	工业化建筑所带来的生产率的提高与相关产业的带动情况	远不如前	略不如前	没有变化	略高于前	远高于前
	环境效益 A43	资源的节约程度，对环境的影响程度	几乎无	变化很小	变化较小	变化较多	变化很多

参 考 文 献

［1］ Fischer D. The business process maturity model：A practical approach for identifying opportunities for optimization ［J］. Resource Document. 2004，9（1）：1-7.

［2］ Fraser P，Moultrie J，Gregory M. The Use of maturity models/grids as a tool in assessing product development capability ［J］. In Proceedings of IEEE International Engineering Management Conference，2002.

［3］ Lahrmann G，Marx F. Systematization of Maturity Model Extensions ［M］. Global Perspectives on Design Science Research. Springer Berlin Heidelberg，2010：522-525.

［4］ Paulk M C，Curtis B，Chrissis MB，et al. Capability Maturity Model for Software ［M］. Software Engineering Institute，Carnegie Mellon University Pittsburgh，Pennsylvania，1993.

［5］ 常一鹤. 工业化建筑成本综合分析 ［D］. 大连理工大学，2016.

［6］ 陈恒，徐睿姝，付振通. 企业技术创新能力与知识管理能力耦合评价研究 ［J］. 经济经纬，2014，31（1）：101-106.

［7］ 陈伟，乔治，熊付刚，等. 装配式建筑施工安全事故预防 SD-MOP 模型 ［J］. 中国安全科学学报，2019，29（1）：19-24.

［8］ 陈瑶. 基于网络层次分析法的建筑企业技术创新指标评价体系研究 ［D］. 西华大学，2014.

［9］ 陈郁青. 知识管理成熟度模型（KMMM）研究述评 ［J］. 技术经济与管理研究，2009，（2）：67-70.

［10］ 崔晓. BIM 应用成熟度模型研究 ［D］. 哈尔滨：哈尔滨工业大学，2012.

［11］ 崔总合，杨梅. 企业技术创新能力评价指标体系构建研究 ［J］. 科技进步与对策，2012，29（7）：139-141.

［12］ 付超. 住宅产业化综合效益分析与评价 ［D］. 大连：大连理工大学，2015.

［13］ 关芬娜. 基于能力成熟度模型 CMM 的低碳经济评价体系的研究 ［D］. 华南理工大学，2013.

［14］ 郝胜梅. 住宅产业化综合评价指标体系及评价方法研究 ［D］. 西安建筑科技大学，2004.

［15］ 纪颖波，付景轩. 新型工业化建筑评价标准问题研究 ［J］. 建筑经济，2013（10）：8-11.

［16］ 纪颖波. 工业化建筑发展研究 ［M］. 北京：中国建筑工业出版社，2011.

［17］ 姜爱林. 论工业化发展阶段的不同划分方法 ［J］. 阜阳师范学院学报（社会科学版），2002（3）：9-1.

[18] 江汉臣，强茂山. 四种项目管理成熟度模型的比较研究 [J]. 项目管理技术，2013，11 (7)：17-22.

[19] 江红，梁小平，崔晋豫. 浅谈中国住宅产业化水平的评价方法 [J]. 青岛建筑工程学院学报，2000 (4)：32-38+52.

[20] 李长福. 沈阳惠民新城装配式建筑成本效益分析与综合评价研究 [D]. 沈阳建筑大学，2015.

[21] 李英攀，刘名强，王芳，等. 装配式建筑项目安全绩效云模型评价方法 [J]. 中国安全科学学报，2017，27 (6)：115-120.

[22] 马健翔. 装配式建筑结构施工质量评价分析及应用 [J]. 建筑技术开发，2017，44 (13)：107-108.

[23] 缪根红，陈万明，朱雪春. 基于因子分析法的大中型工业企业技术创新能力评价 [J]. 技术经济，2013，32 (7)：42-46.

[24] 秦占巧. 基于灰色综合评判的项目管理成熟度模型研究 [D]. 长沙：中南大学，2009.

[25] 邱琴. 装配式混凝土建筑评价体系的研究 [J]. 工程质量，2016，(7)：25-28.

[26] 汪志波. 基于 AHP-灰色关联度模型的企业技术创新能力评价 [J]. 统计与决策，2013 (4)：51-53.

[27] 魏明海，马茹萱，李丽红. 装配式建筑绿色度评价指标体系构建 [J]. 沈阳建筑大学学报（社会科学版），2017，19 (3)：281-285.

[28] 魏子惠，苏义坤. 工业化建筑建造评价标准体系的构建研究 [J]. 山西建筑，2016，42 (4)：234-236.

[29] 吴晓方. 建筑施工项目安全管理成熟度模型及评价研究 [D]. 重庆：重庆大学，2016.

[30] 吴菲菲，张广安，张辉，等. 专利质量综合评价系数——以我国生物医药行业为例 [J]. 科技进步与对策，2014 (13)：124-129.

[31] 熊巍. 大中型建筑企业技术创新能力评价体系研究 [D]. 武汉科技大学，2012.

[32] 杨爽. 装配式建筑施工安全评价体系研究 [D]. 沈阳：沈阳建筑大学，2016.

[33] 杨亚频. 基于熵权值的建筑企业技术创新能力模糊综合评价 [J]. 工程管理学报，2014 (6)：134-138.

[34] 杨一平. 现代软件工程技术与 CMM 的融合 [M] 北京：人民邮电出版社，2002.

[35] 袁鹏飞. 保障房工业化建设水平评价体系构建研究 [D]. 北京交通大学，2015.

[36] 曾珊珊，夏钟秀，王淑婷，等. 工业化建筑的评价方法指标探索 [J]. 安徽建筑，2017，24 (6)：39-40.

[37] 朱百峰. 装配整体式建筑绿色度评价体系研究 [D]. 沈阳建筑大学，2016.

[38] 朱发通. 建筑工业化对工程造价的影响研究 [D]. 广州大学，2016.

[39] 翟琳琳. 基于价值工程的产业化住宅评价研究 [D]. 郑州大学，2014.

[40] 张伟. 杭州市住宅产业化成熟度评价研究 [D]. 浙江大学，2015.

[41] 张志超. 我国保障房的建筑工业化水平评价指标体系研究 [D]. 山东建筑大学，2016.